정답은 EBS 초등사이트(primary.ebs.co.kr)에서 다운로드 받으실 수 있습니다.

교재 내용 문의	교재 내용 문의는 EBS 초등사이트 (primary.ebs.co.kr)의 교재 Q&A 서비스를 활용하시기 바랍니다.
교 재 정오표 공 지	발행 이후 발견된 정오 사항을 EBS 초등사이트 정오표 코너에서 알려 드립니다. **교재 검색 ▶ 교재 선택 ▶ 정오표**
교재 정정 신청	공지된 정오 내용 외에 발견된 정오 사항이 있다면 EBS 초등사이트를 통해 알려 주세요. **교재 검색 ▶ 교재 선택 ▶ 교재 Q&A**

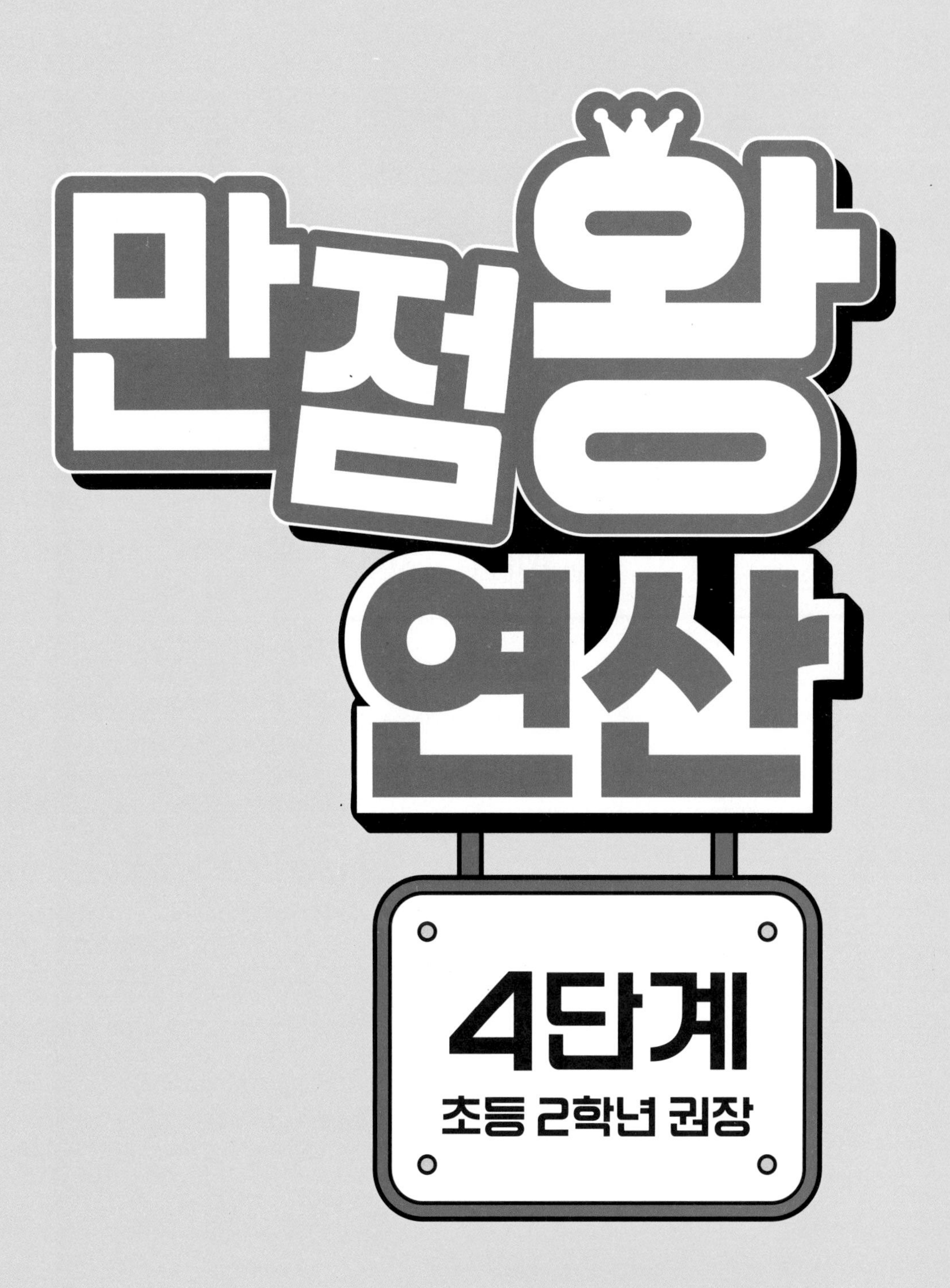

만점왕
연산
4단계
초등 2학년 권장

만점왕 연산을 선택한

친구들과 학부모님께!

연산은 수학을 공부하는 데 기본이 되는 **수학의 기초 학습**입니다.

어려운 사고력 문제를 풀 수 있는 학생도 정확하고 빠른 속도의 연산 실력이 부족하다면 높은 수학 점수를 받을 수 없습니다.

정해진 시간 안에 문제를 풀어야 하는데 기초 연산 문제에서 시간을 다 소비하고 나면 정작 사고력이 필요한 문제를 풀 시간이 없게 되기 때문입니다.

이처럼 연산은 매우 중요하지만 한 번에 길러지는 게 아니라 **꾸준히 학습해야** 합니다. 하지만 연산을 기계적으로 반복하기만 하면 사고의 폭을 제한할 수 있으므로 올바른 방법으로 학습해야 합니다.

처음 연산을 시작하는 학생에게는 연산의 정확성과 속도를 높이는 것이 중요하므로 수학의 개념과 원리를 바탕으로 한 충분한 훈련을 통해 연산 능력을 키워야 합니다.

만점왕 연산은 바로 이런 올바른 연산 공부를 위해 만들어진 책입니다.

만점왕 연산의
특징은 무엇인가요?

만점왕 연산은 수학 교과 내용 중 수와 연산, 규칙성 단원을 반영하여 학교 진도에 맞추어 연산 공부를 하기 좋게 만든 책입니다.

누구나 한 번쯤 해 봤을 연산 교재와는 차별화하여 매일 2쪽씩 부담없이 자기 학년 과정을 꾸준히 공부할 수 있는 교재입니다.

만점왕 연산의 특징은 학교에서 배우는 수학 공부와 병행할 수 있도록 수학의 가장 기초가 되는 연산을 부담없이 매일 학습이 가능하도록 구성하였다는 점입니다.

만점왕 연산은 총 몇 단계로 구성되어 있나요?

취학 전 예비 초등학생을 위한 **예비 2단계**와 **초등 12단계**를 합하여 총 14**단계**로 구성되어 있습니다.

한 단계는 한 학기를 기준으로 구성하였기 때문에 초등 입학 전 예비 초등 1, 2단계를 마친 다음에는 1학년부터 6학년까지 총 12학기 동안 꾸준히 학습할 수 있습니다.

단계	Pre ❶단계	Pre ❷단계	❶단계	❷단계	❸단계	❹단계	❺단계
	취학 전 (만 6세부터)	취학 전 (만 6세부터)	초등 1-1	초등 1-2	초등 2-1	초등 2-2	초등 3-1
분량	10차시	10차시	8차시	12차시	12차시	8차시	10차시

단계	❻단계	❼단계	❽단계	❾단계	❿단계	⓫단계	⓬단계
	초등 3-2	초등 4-1	초등 4-2	초등 5-1	초등 5-2	초등 6-1	초등 6-2
분량	10차시	10차시	10차시	10차시	10차시	10차시	10차시

5일차 학습을 하루에 다 풀어도 되나요?

연산은 한 번에 많이 푸는 것이 아니라 매일 꾸준히, 그리고 점차 난도를 높여 가며 풀어야 실력이 향상됩니다.

만점왕 연산 교재로 **월요일부터 금요일까지 하루에 2쪽씩** 학교 수학 진도와 병행하여 푸는 것이 가장 좋습니다.

만점왕 연산

구성

① 연산 학습목표 이해하기 → ② 원리 깨치기 → ③ 연산력 키우기 5일 학습

3단계 학습으로 체계적인 연산 능력을 기르고 규칙적인 공부 습관을 쌓을 수 있습니다.

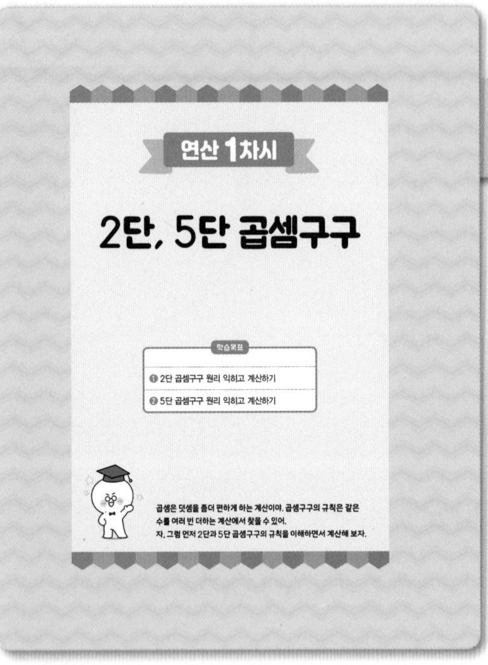

1 연산 학습목표 이해하기

학습하기 전!
단원 도입을 보면서 흥미를 가져요.

학습목표

각 차시별 구체적인 학습 목표를 제시하였어요. 친절한 설명글은 차시에 대한 이해를 돕고 친구들에게 학습에 대한 의욕을 북돋워 줘요.

2 원리 깨치기

원리 깨치기만 보면
계산 원리가 보여요.

원리 깨치기

수학 교과서 내용을 바탕으로 계산 원리를 알기 쉽게 정리하였어요. 특히 [원리 깨치기] 속 연산Key 는 핵심 계산 원리를 한눈에 보여 주고 있어요.

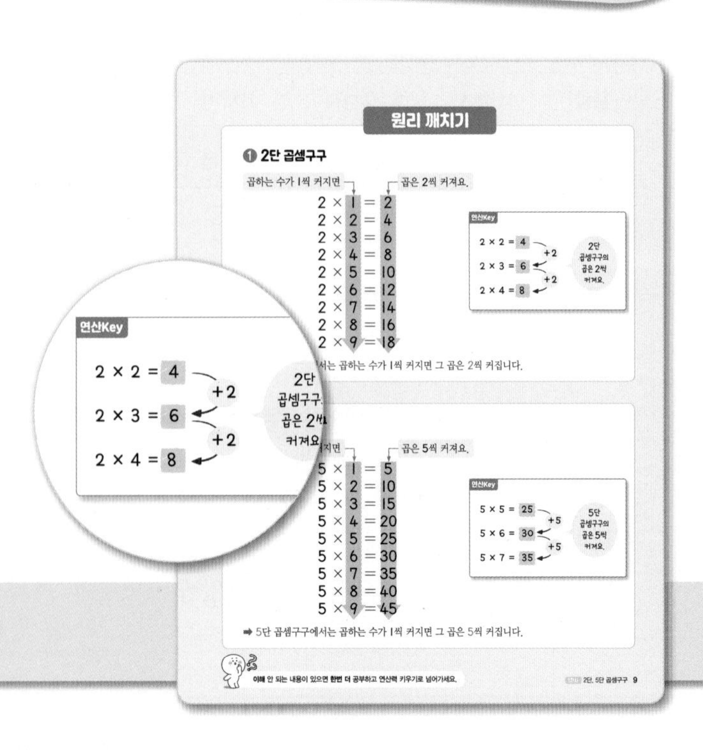

힌트

각 일차 오른쪽 상단의 힌트를 읽으면
문제를 풀 때 도움이 돼요.

연산Key

각 일차 연산 문제를 풀기 전,
연산Key를 먼저 확인하고
계산 원리와 방법을
스스로 이해해요.

학습 점검

학습 날짜, 걸린 시간, 맞은 개수를 매일 체크하여
학습 진행 과정을 스스로 관리할 수 있도록 하였어요.

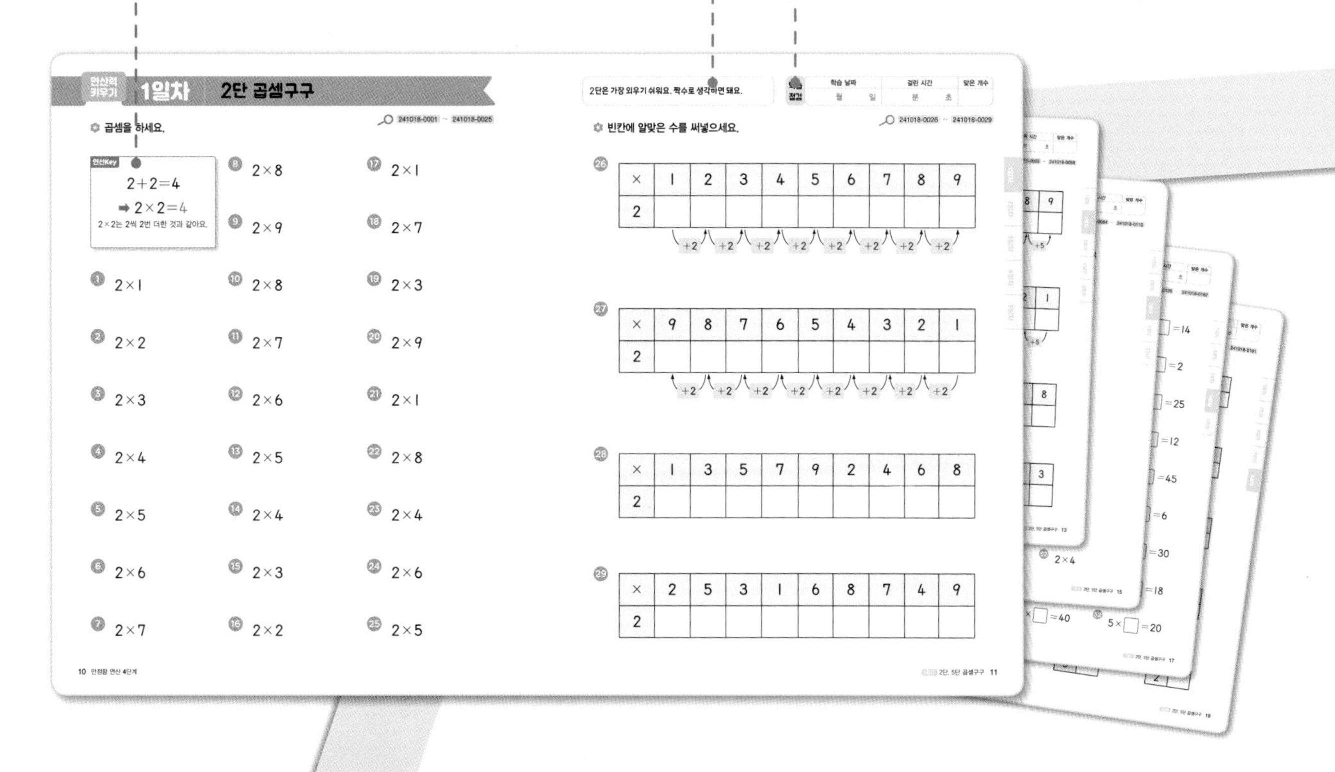

3 연산력 키우기

5일 학습

1~5일차 연산력 키우기로 연산 능력을 쑥쑥 길러요.

연산력 키우기 학습에 앞서
원리 깨치기 를 반드시 학습하여
계산 원리를 충분히 이해해요.

인공지능 DANCHOQ 푸리봇 문|제|검|색

EBS 초등사이트와 **EBS 초등 APP** 하단의 **AI 학습도우미 푸리봇**을 통해 문항코드를 검색하면 푸리봇이 해당 문제의 해설 강의를 찾아 줍니다.

* 효과적인 연산 학습을 위하여 차시별 대표 문항 풀이 강의를 제공합니다.
* 강의에서 다루어지지 않은 문항은 문항코드 검색 시 풀이 방법을 학습할 수 있는 대표 문항 풀이로 연결됩니다.

초등 1학년

1단계

- 연산 1차시 2~6까지의 수 모으기와 가르기
- 연산 2차시 7~9까지의 수 모으기와 가르기
- 연산 3차시 합이 9까지인 덧셈(1)
- 연산 4차시 합이 9까지인 덧셈(2)
- 연산 5차시 차가 8까지인 뺄셈(1)
- 연산 6차시 차가 8까지인 뺄셈(2)
- 연산 7차시 0을 더하거나 빼기
- 연산 8차시 덧셈, 뺄셈 규칙으로 계산하기

2단계

- 연산 1차시 (몇십)+(몇), (몇십몇)+(몇)
- 연산 2차시 (몇십)+(몇십), (몇십몇)+(몇십몇)
- 연산 3차시 (몇십몇)−(몇)
- 연산 4차시 (몇십)−(몇십), (몇십몇)−(몇십몇)
- 연산 5차시 세 수의 덧셈과 뺄셈
- 연산 6차시 이어 세기로 두 수 더하기
- 연산 7차시 10이 되는 덧셈식, 10에서 빼는 뺄셈식
- 연산 8차시 10을 만들어 더하기
- 연산 9차시 10을 이용하여 모으기와 가르기
- 연산 10차시 (몇)+(몇)=(십몇)
- 연산 11차시 (십몇)−(몇)=(몇)
- 연산 12차시 덧셈, 뺄셈 규칙으로 계산하기

초등 2학년

3단계

- 연산 1차시 (두 자리 수)+(한 자리 수)
- 연산 2차시 (두 자리 수)+(두 자리 수)
- 연산 3차시 여러 가지 방법으로 덧셈하기
- 연산 4차시 (두 자리 수)−(한 자리 수)
- 연산 5차시 (두 자리 수)−(두 자리 수)
- 연산 6차시 여러 가지 방법으로 뺄셈하기
- 연산 7차시 덧셈과 뺄셈의 관계를 식으로 나타내기
- 연산 8차시 □의 값 구하기
- 연산 9차시 세 수의 계산
- 연산 10차시 여러 가지 방법으로 세기
- 연산 11차시 곱셈식 알아보기
- 연산 12차시 곱셈식으로 나타내기

4단계

- 연산 1차시 2단, 5단 곱셈구구
- 연산 2차시 3단, 6단 곱셈구구
- 연산 3차시 2, 3, 5, 6단 곱셈구구
- 연산 4차시 4단, 8단 곱셈구구
- 연산 5차시 7단, 9단 곱셈구구
- 연산 6차시 4, 7, 8, 9단 곱셈구구
- 연산 7차시 1단, 0의 곱, 곱셈표
- 연산 8차시 곱셈구구의 완성

초등 3학년

5단계

- 연산 1차시 세 자리 수의 덧셈(1)
- 연산 2차시 세 자리 수의 덧셈(2)
- 연산 3차시 세 자리 수의 뺄셈(1)
- 연산 4차시 세 자리 수의 뺄셈(2)
- 연산 5차시 (두 자리 수)÷(한 자리 수)(1)
- 연산 6차시 (두 자리 수)÷(한 자리 수)(2)
- 연산 7차시 (두 자리 수)×(한 자리 수)(1)
- 연산 8차시 (두 자리 수)×(한 자리 수)(2)
- 연산 9차시 (두 자리 수)×(한 자리 수)(3)
- 연산 10차시 (두 자리 수)×(한 자리 수)(4)

6단계

- 연산 1차시 (세 자리 수)×(한 자리 수)(1)
- 연산 2차시 (세 자리 수)×(한 자리 수)(2)
- 연산 3차시 (두 자리 수)×(두 자리 수)(1), (한 자리 수)×(두 자리 수)
- 연산 4차시 (두 자리 수)×(두 자리 수)(2)
- 연산 5차시 (두 자리 수)÷(한 자리 수)(1)
- 연산 6차시 (두 자리 수)÷(한 자리 수)(2)
- 연산 7차시 (세 자리 수)÷(한 자리 수)(1)
- 연산 8차시 (세 자리 수)÷(한 자리 수)(2)
- 연산 9차시 분수
- 연산 10차시 여러 가지 분수, 분수의 크기 비교

차 례

연산 1차시

2단, 5단 곱셈구구

학습목표

1. 2단 곱셈구구 원리 익히고 계산하기
2. 5단 곱셈구구 원리 익히고 계산하기

곱셈은 덧셈을 좀더 편하게 하는 계산이야. 곱셈구구의 규칙은 같은 수를 여러 번 더하는 계산에서 찾을 수 있어.
자, 그럼 먼저 2단과 5단 곱셈구구의 규칙을 이해하면서 계산해 보자.

원리 깨치기

① 2단 곱셈구구

곱하는 수가 1씩 커지면 → 곱은 2씩 커져요.

$2 \times 1 = 2$
$2 \times 2 = 4$
$2 \times 3 = 6$
$2 \times 4 = 8$
$2 \times 5 = 10$
$2 \times 6 = 12$
$2 \times 7 = 14$
$2 \times 8 = 16$
$2 \times 9 = 18$

연산Key

$2 \times 2 = 4$
+2
$2 \times 3 = 6$
+2
$2 \times 4 = 8$

2단 곱셈구구의 곱은 2씩 커져요.

➡ 2단 곱셈구구에서는 곱하는 수가 1씩 커지면 그 곱은 2씩 커집니다.

② 5단 곱셈구구

곱하는 수가 1씩 커지면 → 곱은 5씩 커져요.

$5 \times 1 = 5$
$5 \times 2 = 10$
$5 \times 3 = 15$
$5 \times 4 = 20$
$5 \times 5 = 25$
$5 \times 6 = 30$
$5 \times 7 = 35$
$5 \times 8 = 40$
$5 \times 9 = 45$

연산Key

$5 \times 5 = 25$
+5
$5 \times 6 = 30$
+5
$5 \times 7 = 35$

5단 곱셈구구의 곱은 5씩 커져요.

➡ 5단 곱셈구구에서는 곱하는 수가 1씩 커지면 그 곱은 5씩 커집니다.

이해 안 되는 내용이 있으면 **한번 더** 공부하고 연산력 키우기로 넘어가세요.

1일차 2단 곱셈구구

241018-0001 ~ 241018-0025

✿ 곱셈을 하세요.

연산Key

$2+2=4$

➡ $2\times2=4$

2×2는 2씩 2번 더한 것과 같아요.

1. 2×1
2. 2×2
3. 2×3
4. 2×4
5. 2×5
6. 2×6
7. 2×7
8. 2×8
9. 2×9
10. 2×8
11. 2×7
12. 2×6
13. 2×5
14. 2×4
15. 2×3
16. 2×2
17. 2×1
18. 2×7
19. 2×3
20. 2×9
21. 2×1
22. 2×8
23. 2×4
24. 2×6
25. 2×5

2단은 가장 외우기 쉬워요. 짝수로 생각하면 돼요.

학습 점검	학습 날짜	걸린 시간	맞은 개수
	월 일	분 초	

241018-0026 ~ 241018-0029

빈칸에 알맞은 수를 써넣으세요.

26

×	1	2	3	4	5	6	7	8	9
2									

+2 +2 +2 +2 +2 +2 +2 +2

27

×	9	8	7	6	5	4	3	2	1
2									

+2 +2 +2 +2 +2 +2 +2 +2

28

×	1	3	5	7	9	2	4	6	8
2									

29

×	2	5	3	1	6	8	7	4	9
2									

연산력 키우기

2일차 5단 곱셈구구

241018-0030 ~ 241018-0054

곱셈을 하세요.

연산Key

$5+5=10$

➡ $5\times2=10$

5×2는 5씩 2번 더한 것과 같아요.

① 5×1

② 5×2

③ 5×3

④ 5×4

⑤ 5×5

⑥ 5×6

⑦ 5×7

⑧ 5×8

⑨ 5×9

⑩ 5×8

⑪ 5×7

⑫ 5×6

⑬ 5×5

⑭ 5×4

⑮ 5×3

⑯ 5×2

⑰ 5×1

⑱ 5×9

⑲ 5×1

⑳ 5×8

㉑ 5×4

㉒ 5×7

㉓ 5×5

㉔ 5×2

㉕ 5×6

5단의 곱은 일의 자리 숫자가 5 또는 0이에요.

학습 점검	학습 날짜	걸린 시간	맞은 개수
	월 일	분 초	

241018-0055 ~ 241018-0058

빈칸에 알맞은 수를 써넣으세요.

26

×	1	2	3	4	5	6	7	8	9
5									

+5 +5 +5 +5 +5 +5 +5 +5

27

×	9	8	7	6	5	4	3	2	1
5									

+5 +5 +5 +5 +5 +5 +5 +5

28

×	1	3	5	7	9	2	4	6	8
5									

29

×	5	2	4	8	1	6	7	9	3
5									

2단, 5단 곱셈구구

241018-0059 ~ 241018-0083

✽ 곱셈을 하세요.

연산Key

$2\times4=8$

2×4는 2씩 4번 뛰어 센 수와 같아요.

① 2×1

② 5×1

③ 2×2

④ 5×2

⑤ 2×3

⑥ 5×3

⑦ 2×4

⑧ 5×4

⑨ 2×5

⑩ 5×5

⑪ 2×6

⑫ 5×6

⑬ 2×7

⑭ 5×7

⑮ 2×8

⑯ 5×8

⑰ 2×9

⑱ 5×9

⑲ 2×7

⑳ 5×7

㉑ 2×9

㉒ 5×3

㉓ 2×6

㉔ 5×1

㉕ 5×9

2 × ▲는 2씩 ▲번, 5 × ■는 5씩 ■번 뛰어 센 수와 같아요.

학습 점검	학습 날짜	걸린 시간	맞은 개수
	월 일	분 초	

241018-0084 ~ 241018-0110

26 2×1

27 2×3

28 2×5

29 2×7

30 2×9

31 5×1

32 5×3

33 5×5

34 5×7

35 5×9

36 2×2

37 2×4

38 2×6

39 2×8

40 5×2

41 5×4

42 5×6

43 5×8

44 2×3

45 5×7

46 2×7

47 5×2

48 2×6

49 5×4

50 2×8

51 5×9

52 2×4

2단, 5단 곱셈구구

241018-0111 ~ 241018-0135

□ 안에 알맞은 수를 써넣으세요.

연산Key

$5 \times \boxed{2} = 10$

$5 \times 2 = 10$이므로 □=2예요.

1. $2 \times \square = 2$
2. $2 \times \square = 6$
3. $2 \times \square = 12$
4. $2 \times \square = 8$
5. $2 \times \square = 14$
6. $2 \times \square = 16$
7. $2 \times \square = 18$
8. $2 \times \square = 10$
9. $5 \times \square = 25$
10. $5 \times \square = 5$
11. $5 \times \square = 35$
12. $5 \times \square = 40$
13. $5 \times \square = 30$
14. $5 \times \square = 20$
15. $5 \times \square = 15$
16. $5 \times \square = 45$
17. $2 \times \square = 6$
18. $5 \times \square = 30$
19. $2 \times \square = 10$
20. $5 \times \square = 10$
21. $2 \times \square = 12$
22. $5 \times \square = 5$
23. $2 \times \square = 16$
24. $5 \times \square = 35$
25. $2 \times \square = 14$

$2\times\square=$◆는 2단 곱셈구구를, $5\times\square=$●는 5단 곱셈구구를 외워서 구해요.

학습 점검	학습 날짜	걸린 시간	맞은 개수
	월 일	분 초	

241018-0136 ~ 241018-0162

26 $2\times\square=2$

27 $5\times\square=15$

28 $5\times\square=40$

29 $2\times\square=8$

30 $2\times\square=14$

31 $5\times\square=10$

32 $5\times\square=25$

33 $2\times\square=4$

34 $5\times\square=30$

35 $2\times\square=6$

36 $2\times\square=12$

37 $5\times\square=35$

38 $2\times\square=18$

39 $5\times\square=20$

40 $2\times\square=16$

41 $5\times\square=45$

42 $2\times\square=8$

43 $5\times\square=40$

44 $2\times\square=14$

45 $2\times\square=2$

46 $5\times\square=25$

47 $2\times\square=12$

48 $5\times\square=45$

49 $2\times\square=6$

50 $5\times\square=30$

51 $2\times\square=18$

52 $5\times\square=20$

연산력 키우기 **5일차**

2단, 5단 곱셈구구

241018-0163 ~ 241018-0176

빈칸에 알맞은 수를 써넣으세요.

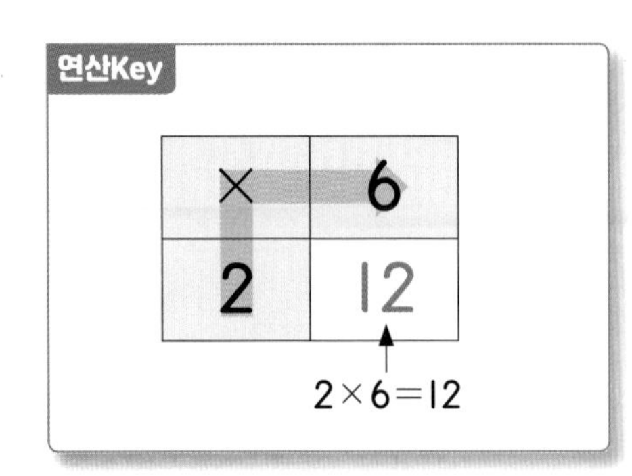

①

×	1
2	

②

×	4
2	

③

×	9
2	

④

×	5
2	

⑤

×	2
2	

⑥

×	2
5	

⑦

×	5
5	

⑧

×	7
5	

⑨

×	3
5	

⑩

×	1
5	

⑪

×	4
5	

⑫

×	7
2	

⑬

×	6
5	

⑭

×	3
2	

2단, 5단 곱셈구구의 곱이 술술 나올 때까지 외워 보세요.

학습 점검	학습 날짜	걸린 시간	맞은 개수
	월 일	분 초	

241018-0177 ~ 241018-0191

15

×	2
2	

20

×	7
5	

25

×	8
2	

16

×	2
5	

21

×	3
2	

26

×	9
5	

17

×	1
2	

22

×	3
5	

27

×	7
2	

18

×	5
5	

23

×	4
2	

28

×	1
5	

19

×	6
2	

24

×	6
5	

29

×	5
2	

연산 2차시

3단, 6단 곱셈구구

학습목표

❶ 3단 곱셈구구 원리 익히고 계산하기

❷ 6단 곱셈구구 원리 익히고 계산하기

이번에는 3단과 6단 곱셈구구의 규칙을 이해하면서 연습해 볼 거야.
3단은 3, 6, 9, 12, 15, …와 같이 3씩 뛰어 세기를,
6단은 6, 12, 18, 24, 30, …과 같이 6씩 뛰어 세기를
연습하면 더 쉽게 외울 수 있어.

원리 깨치기

❶ 3단 곱셈구구

곱하는 수가 1씩 커지면 → 곱은 3씩 커져요.

$3 \times 1 = 3$
$3 \times 2 = 6$
$3 \times 3 = 9$
$3 \times 4 = 12$
$3 \times 5 = 15$
$3 \times 6 = 18$
$3 \times 7 = 21$
$3 \times 8 = 24$
$3 \times 9 = 27$

연산Key

$3 \times 2 = 6$
+3
$3 \times 3 = 9$
+3
$3 \times 4 = 12$

3단 곱셈구구의 곱은 3씩 커져요.

➡ 3단 곱셈구구에서는 곱하는 수가 1씩 커지면 그 곱은 3씩 커집니다.

❷ 6단 곱셈구구

곱하는 수가 1씩 커지면 → 곱은 6씩 커져요.

$6 \times 1 = 6$
$6 \times 2 = 12$
$6 \times 3 = 18$
$6 \times 4 = 24$
$6 \times 5 = 30$
$6 \times 6 = 36$
$6 \times 7 = 42$
$6 \times 8 = 48$
$6 \times 9 = 54$

연산Key

$6 \times 5 = 30$
+6
$6 \times 6 = 36$
+6
$6 \times 7 = 42$

6단 곱셈구구의 곱은 6씩 커져요.

➡ 6단 곱셈구구에서는 곱하는 수가 1씩 커지면 그 곱은 6씩 커집니다.

이해 안 되는 내용이 있으면 **한번 더** 공부하고 연산력 키우기로 넘어가세요.

연산력 키우기

1일차 3단 곱셈구구

241018-0192 ~ 241018-0216

✽ 곱셈을 하세요.

연산Key

$3+3+3=9$

➡ $3\times3=9$

3×3은 3씩 3번 더한 것과 같아요.

1. 3×1
2. 3×2
3. 3×3
4. 3×4
5. 3×5
6. 3×6
7. 3×7
8. 3×8
9. 3×9
10. 3×8
11. 3×7
12. 3×6
13. 3×5
14. 3×4
15. 3×3
16. 3×2
17. 3×1
18. 3×7
19. 3×6
20. 3×2
21. 3×8
22. 3×9
23. 3×5
24. 3×3
25. 3×4

3단을 순서대로 소리 내어 외우면서 곱을 써 보세요.

학습 점검	학습 날짜		걸린 시간		맞은 개수
	월	일	분	초	

241018-0217 ~ 241018-0220

빈칸에 알맞은 수를 써넣으세요.

26

×	1	2	3	4	5	6	7	8	9
3									

+3 +3 +3 +3 +3 +3 +3 +3

27

×	9	8	7	6	5	4	3	2	1
3									

+3 +3 +3 +3 +3 +3 +3 +3

28

×	2	4	6	8	1	3	5	7	9
3									

29

×	1	3	9	8	7	4	2	6	5
3									

연산력 키우기 2일차

6단 곱셈구구

241018-0221 ~ 241018-0245

✿ 곱셈을 하세요.

연산Key

$6+6+6=18$

➡ $6\times3=18$

6×3은 6씩 3번 더한 것과 같아요.

1. 6×1
2. 6×2
3. 6×3
4. 6×4
5. 6×5
6. 6×6
7. 6×7
8. 6×8
9. 6×9
10. 6×8
11. 6×7
12. 6×6
13. 6×5
14. 6×4
15. 6×3
16. 6×2
17. 6×1
18. 6×6
19. 6×4
20. 6×2
21. 6×9
22. 6×7
23. 6×5
24. 6×3
25. 6×8

6단을 순서대로 소리 내어 외우면서 곱을 써 보세요.

학습 점검	학습 날짜	걸린 시간	맞은 개수
	월 일	분 초	

241018-0246 ~ 241018-0249

빈칸에 알맞은 수를 써넣으세요.

26

×	1	2	3	4	5	6	7	8	9
6									

+6 +6 +6 +6 +6 +6 +6 +6

27

×	9	8	7	6	5	4	3	2	1
6									

+6 +6 +6 +6 +6 +6 +6 +6

28

×	2	4	6	8	1	3	5	7	9
6									

29

×	3	7	1	5	9	4	6	2	8
6									

3단, 6단 곱셈구구

241018-0250 ~ 241018-0274

곱셈을 하세요.

연산Key

$3\times4=12$

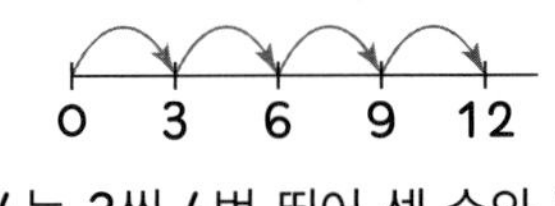

3×4는 3씩 4번 뛰어 센 수와 같아요.

① 3×1

② 6×1

③ 3×2

④ 6×2

⑤ 3×3

⑥ 6×3

⑦ 3×4

⑧ 6×4

⑨ 3×5

⑩ 6×5

⑪ 3×6

⑫ 6×6

⑬ 3×7

⑭ 6×7

⑮ 3×8

⑯ 6×8

⑰ 3×9

⑱ 6×9

⑲ 3×4

⑳ 6×4

㉑ 3×7

㉒ 6×2

㉓ 3×5

㉔ 6×5

㉕ 6×7

3 × ▲는 3씩 ▲번, 6 × ■는 6씩 ■번 뛰어 센 수와 같아요.

학습 점검	학습 날짜	걸린 시간	맞은 개수
	월 일	분 초	

241018-0275 ~ 241018-0301

㉖ 3×1

㉗ 3×3

㉘ 3×5

㉙ 3×7

㉚ 3×9

㉛ 6×1

㉜ 6×3

㉝ 6×5

㉞ 6×7

㉟ 6×9

㊱ 3×2

㊲ 3×4

㊳ 3×6

㊴ 3×8

㊵ 6×2

㊶ 6×4

㊷ 6×6

㊸ 6×8

㊹ 3×1

㊺ 6×5

㊻ 3×4

㊼ 6×3

㊽ 3×7

㊾ 6×6

㊿ 3×9

51 6×9

52 3×3

3단, 6단 곱셈구구

241018-0302 ~ 241018-0326

□ 안에 알맞은 수를 써넣으세요.

연산Key

$3\times\boxed{5}=15$

$3\times5=15$이므로 □=5예요.

1. $3\times\square=3$
2. $3\times\square=9$
3. $3\times\square=15$
4. $3\times\square=6$
5. $3\times\square=18$
6. $3\times\square=24$
7. $3\times\square=27$
8. $6\times\square=6$
9. $6\times\square=12$
10. $6\times\square=24$
11. $6\times\square=18$
12. $6\times\square=36$
13. $6\times\square=30$
14. $6\times\square=42$
15. $6\times\square=54$
16. $6\times\square=12$
17. $3\times\square=6$
18. $6\times\square=42$
19. $3\times\square=21$
20. $6\times\square=36$
21. $3\times\square=12$
22. $6\times\square=24$
23. $3\times\square=24$
24. $6\times\square=18$
25. $6\times\square=54$

3×□=◆는 3단 곱셈구구를, 6×□=●는 6단 곱셈구구를 외워서 구해요.

학습 점검	학습 날짜	걸린 시간	맞은 개수
	월 일	분 초	

241018-0327 ~ 241018-0353

26 $3 \times \square = 3$

27 $3 \times \square = 12$

28 $6 \times \square = 18$

29 $6 \times \square = 36$

30 $3 \times \square = 15$

31 $3 \times \square = 24$

32 $6 \times \square = 24$

33 $6 \times \square = 42$

34 $3 \times \square = 9$

35 $6 \times \square = 54$

36 $3 \times \square = 6$

37 $6 \times \square = 6$

38 $3 \times \square = 21$

39 $6 \times \square = 30$

40 $3 \times \square = 24$

41 $6 \times \square = 12$

42 $3 \times \square = 27$

43 $6 \times \square = 48$

44 $3 \times \square = 9$

45 $6 \times \square = 42$

46 $3 \times \square = 18$

47 $6 \times \square = 54$

48 $3 \times \square = 15$

49 $6 \times \square = 24$

50 $3 \times \square = 21$

51 $6 \times \square = 30$

52 $6 \times \square = 36$

연산력 키우기 **5일차**

3단, 6단 곱셈구구

241018-0354 ~ 241018-0367

빈칸에 알맞은 수를 써넣으세요.

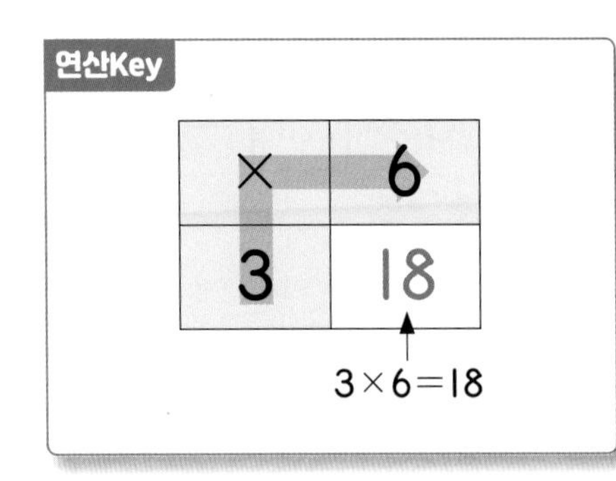

1

×	1
3	

2

×	3
3	

3

×	7
3	

4

×	4
3	

5

×	5
3	

6

×	2
6	

7

×	1
6	

8

×	3
6	

9

×	5
6	

10

×	7
6	

11

×	4
6	

12

×	2
3	

13

×	6
6	

14

×	9
6	

3단, 6단 곱셈구구의 곱이 술술 나올 때까지 외워 보세요.

학습 점검	학습 날짜		걸린 시간		맞은 개수
	월	일	분	초	

241018-0368 ~ 241018-0382

15

×	4
3	

20

×	2
6	

25

×	9
6	

16

×	1
6	

21

×	1
3	

26

×	3
3	

17

×	2
3	

22

×	3
6	

27

×	6
6	

18

×	4
6	

23

×	8
6	

28

×	9
3	

19

×	5
3	

24

×	8
3	

29

×	7
6	

연산 3차시

2, 3, 5, 6단 곱셈구구

학습목표

❶ 2, 3, 5, 6단 섞어 곱셈구구 완성하기

❷ 2, 3, 5, 6단 곱셈표로 곱셈구구 완성하기

지금부터는 앞에서 배운 2, 3, 5, 6단 각 곱셈구구를 완벽하게 익혔는지 정리해 볼 거야.
각 단을 섞어가며 곱을 구할 때 헷갈리지 않고 완벽하게 술술 외울 때까지 큰 소리로 외워 보자.

원리 깨치기

❶ 2, 3, 5, 6단 곱셈구구

×	1	2	3	4	5	6	7	8	9
2	2	4	6	8	10	12	14	16	18

+2 +2 +2 +2 +2 +2 +2 +2

2단의 곱은 2씩 커져요.

×	1	2	3	4	5	6	7	8	9
3	3	6	9	12	15	18	21	24	27

+3 +3 +3 +3 +3 +3 +3 +3

3단의 곱은 3씩 커져요.

×	1	2	3	4	5	6	7	8	9
5	5	10	15	20	25	30	35	40	45

+5 +5 +5 +5 +5 +5 +5 +5

5단의 곱은 5씩 커져요.

×	1	2	3	4	5	6	7	8	9
6	6	12	18	24	30	36	42	48	54

+6 +6 +6 +6 +6 +6 +6 +6

6단의 곱은 6씩 커져요.

➡ ♥단 곱셈구구에서는 곱하는 수가 1씩 커지면 그 곱은 ♥씩 커집니다.

❷ 곱의 규칙을 찾아보아요

×	2	3	4	5
3	6	9	12	15

3단이므로 곱이 3씩 커져요.

3×4는 3×3보다 3만큼 커요.

×	6	7	8	9
6	36	42	48	54

6단이므로 곱이 6씩 작아져요.

6×7은 6×8보다 6만큼 작아요.

연산Key

×	1	2	3	…
2	2	4	6	…
3	3	6	9	…
5	5	10	15	…
6	6	12	18	…

2단 곱셈구구는 2씩,
3단 곱셈구구는 3씩,
5단 곱셈구구는 5씩,
6단 곱셈구구는 6씩 커져요.

이해 안 되는 내용이 있으면 **한번 더** 공부하고 연산력 키우기로 넘어가세요.

연산력 키우기 **1일차**

2, 3, 5, 6단 곱셈구구

241018-0383 ~ 241018-0407

곱셈을 하세요.

연산Key

$2\times2=4$

+1   +2

$3\times2=6$

① 2×3

② 3×3

③ 5×3

④ 6×3

⑤ 2×4

⑥ 3×4

⑦ 5×4

⑧ 6×4

⑨ 2×5

⑩ 3×5

⑪ 5×5

⑫ 6×5

⑬ 2×6

⑭ 3×6

⑮ 5×6

⑯ 6×6

⑰ 2×7

⑱ 3×7

⑲ 5×7

⑳ 6×7

㉑ 2×8

㉒ 3×8

㉓ 5×8

㉔ 6×8

㉕ 2×9

곱해지는 수가 1씩 커지고 곱하는 수가 ★로 같으면 곱은 ★씩 커져요.

학습 점검	학습 날짜	걸린 시간	맞은 개수
	월 일	분 초	

241018-0408 ~ 241018-0411

빈칸에 알맞은 수를 써넣으세요.

26

×	1	6	3	4	7	2	5	8	9
2									
5									

27

×	4	3	1	8	5	6	7	2	9
2									
6									

28

×	2	1	4	3	6	5	9	8	7
3									
5									

29

×	6	1	5	3	9	4	2	8	7
5									
6									

연산력 키우기 **2일차**

2, 3, 5, 6단 곱셈구구

241018-0412 ~ 241018-0436

✽ 곱셈을 하세요.

연산Key

$2\times5=10$

$5\times2=10$

2×5의 곱은 5×2의 곱과 같아요.

1. 2×3
2. 3×2
3. 2×5
4. 5×2
5. 2×6
6. 6×2
7. 3×5
8. 5×3
9. 3×6
10. 6×3
11. 5×6
12. 6×5
13. 2×7
14. 3×4
15. 5×8
16. 6×7
17. 2×4
18. 3×9
19. 5×9
20. 6×4
21. 2×8
22. 3×8
23. 5×7
24. 6×9
25. 2×9

곱하는 두 수의 순서를 서로 바꾸어도 곱은 같아요.

학습 점검	학습 날짜	걸린 시간	맞은 개수
	월 일	분 초	

241018-0437 ~ 241018-0440

빈칸에 알맞은 수를 써넣으세요.

26

×	9	8	7	6	5	4	3	2	1
3									
2									

27

×	2	5	3	6	1	7	4	8	9
5									
2									

28

×	3	2	1	5	4	9	7	6	8
6									
3									

29

×	9	8	7	6	5	4	3	2	1
6									
5									

3일차 2, 3, 5, 6단 곱셈구구

241018-0441 ~ 241018-0466

곱셈을 하세요.

연산Key

$3 \times 5 = 15$

① 2×3

② 6×1

③ 3×6

④ 2×4

⑤ 5×2

⑥ 3×3

⑦ 6×3

⑧ 3×8

⑨ 6×7

⑩ 2×7

⑪ 5×4

⑫ 6×5

⑬ 2×5

⑭ 3×7

⑮ 5×7

⑯ 6×8

⑰ 3×2

⑱ 2×9

⑲ 5×8

⑳ 3×9

㉑ 6×9

㉒ 2×6

㉓ 5×6

㉔ 6×4

㉕ 2×8

㉖ 6×6

2, 3, 5, 6단을 완전히 외우도록 연습해 보세요.

학습 점검	학습 날짜	걸린 시간	맞은 개수
	월 일	분 초	

241018-0467 ~ 241018-0469

❁ 빈칸에 알맞은 수를 써넣으세요.

27

×	1	2	3	4	5	6	7	8	9
2									
3									
6									

28

×	1	5	2	6	8	3	4	7	9
2									
3									
5									

29

×	3	5	9	2	4	8	1	7	6
3									
5									
6									

연산력 키우기

4일차 2, 3, 5, 6단 곱셈구구

241018-0470 ~ 241018-0494

□ 안에 알맞은 수를 써넣으세요.

연산Key

$5 \times \boxed{3} = 15$

5×3=15이므로 □=3이에요.

$6 \times \boxed{6} = 36$

6×6=36이므로 □=6이에요.

1. $2 \times \square = 6$
2. $3 \times \square = 9$
3. $6 \times \square = 18$
4. $2 \times \square = 12$
5. $6 \times \square = 24$
6. $3 \times \square = 12$
7. $5 \times \square = 20$
8. $3 \times \square = 6$
9. $5 \times \square = 30$
10. $2 \times \square = 16$
11. $6 \times \square = 30$
12. $2 \times \square = 10$
13. $6 \times \square = 42$
14. $3 \times \square = 18$
15. $5 \times \square = 35$
16. $3 \times \square = 15$
17. $2 \times \square = 14$
18. $6 \times \square = 48$
19. $5 \times \square = 40$
20. $2 \times \square = 8$
21. $3 \times \square = 27$
22. $2 \times \square = 18$
23. $5 \times \square = 45$
24. $3 \times \square = 24$
25. $6 \times \square = 54$

●×□=◆에서 □는 ●단 곱셈구구를 외워서 구해요.

학습 점검	학습 날짜		걸린 시간		맞은 개수
	월	일	분	초	

241018-0495 ~ 241018-0497

빈칸에 알맞은 수를 써넣으세요.

26

×	7	2	4	1	9	3	6	8	5
3									
6									
2									
5									

27

×	7	2	4	1	9	3	6	8	5
3									
6									
2									
5									

28

×	1	□	3	□	4	6	8	□	9
2		4							
3				21				15	
5		10		35					
6								30	

연산력 키우기

5일차 2, 3, 5, 6단 곱셈구구

241018-0498 ~ 241018-0508

빈칸에 알맞은 수를 써넣으세요.

연산Key

×	4
2	8
3	12

← 2×4=8
← 3×4=12

1

×	1
2	
3	

2

×	2
2	
5	

3

×	2
3	
6	

4

×	3
2	
6	

5

×	3
3	
5	

6

×	5
2	
3	

7

×	6
5	
6	

8

×	7
6	
5	

9

×	8
3	
2	

10

×	9
5	
2	

11

×	9
6	
3	

2, 3, 5, 6단 곱셈구구의 곱이 술술 나올 때까지 외워 보세요.

학습 점검	학습 날짜	걸린 시간	맞은 개수
	월 일	분 초	

241018-0509 ~ 241018-0517

⑫

×	2
2	
3	
5	
6	

⑮

×	3
3	
5	
2	
6	

⑱

×	4
5	
2	
6	
3	

⑬

×	1
2	
5	
3	
6	

⑯

×	7
5	
3	
6	
2	

⑲

×	9
6	
3	
2	
5	

⑭

×	6
3	
2	
5	
6	

⑰

×	5
5	
6	
2	
3	

⑳

×	8
6	
5	
2	
3	

연산 4차시

4단, 8단 곱셈구구

학습목표

❶ 4단 곱셈구구 원리 익히고 계산하기

❷ 8단 곱셈구구 원리 익히고 계산하기

이번에는 4단과 8단 곱셈구구야.
4단과 8단 곱셈구구를 외우다 보면 4단의 곱과 8단의 곱이
같은 부분도 발견할 수 있어.
자, 그럼 4단과 8단 곱셈구구를 시작해 보자.

원리 깨치기

❶ 4단 곱셈구구

곱하는 수가 1씩 커지면 → 곱은 4씩 커져요.

$4 \times 1 = 4$
$4 \times 2 = 8$
$4 \times 3 = 12$
$4 \times 4 = 16$
$4 \times 5 = 20$
$4 \times 6 = 24$
$4 \times 7 = 28$
$4 \times 8 = 32$
$4 \times 9 = 36$

연산Key

$4 \times 3 = 12$ ⟶ +4
$4 \times 4 = 16$ ⟶ +4
$4 \times 5 = 20$

4단 곱셈구구의 곱은 4씩 커져요.

➡ 4단 곱셈구구에서는 곱하는 수가 1씩 커지면 그 곱은 4씩 커집니다.

❷ 8단 곱셈구구

곱하는 수가 1씩 커지면 → 곱은 8씩 커져요.

$8 \times 1 = 8$
$8 \times 2 = 16$
$8 \times 3 = 24$
$8 \times 4 = 32$
$8 \times 5 = 40$
$8 \times 6 = 48$
$8 \times 7 = 56$
$8 \times 8 = 64$
$8 \times 9 = 72$

연산Key

$8 \times 6 = 48$ ⟶ +8
$8 \times 7 = 56$ ⟶ +8
$8 \times 8 = 64$

8단 곱셈구구의 곱은 8씩 커져요.

➡ 8단 곱셈구구에서는 곱하는 수가 1씩 커지면 그 곱은 8씩 커집니다.

이해 안 되는 내용이 있으면 **한번 더** 공부하고 연산력 키우기로 넘어가세요.

연산력 키우기 **1일차**

4단 곱셈구구

241018-0518 ~ 241018-0542

곱셈을 하세요.

연산Key

$4+4=8$

➡ $4\times2=8$

4×2는 4씩 2번 더한 것과 같아요.

1. 4×1
2. 4×2
3. 4×3
4. 4×4
5. 4×5
6. 4×6
7. 4×7
8. 4×8
9. 4×9
10. 4×8
11. 4×7
12. 4×6
13. 4×5
14. 4×4
15. 4×3
16. 4×2
17. 4×1
18. 4×3
19. 4×5
20. 4×8
21. 4×1
22. 4×6
23. 4×7
24. 4×9
25. 4×4

4단을 순서대로 소리 내어 외우면서 곱을 써 보세요.

학습 점검	학습 날짜	걸린 시간	맞은 개수
	월 일	분 초	

241018-0543 ~ 241018-0546

빈칸에 알맞은 수를 써넣으세요.

26

×	1	2	3	4	5	6	7	8	9
4									

+4 +4 +4 +4 +4 +4 +4 +4

27

×	9	8	7	6	5	4	3	2	1
4									

+4 +4 +4 +4 +4 +4 +4 +4

28

×	2	4	6	8	1	3	5	7	9
4									

29

×	1	5	2	9	3	7	4	6	8
4									

8단 곱셈구구

241018-0547 ~ 241018-0571

곱셈을 하세요.

연산Key

$8+8=16$

➡ $8\times2=16$

8 × 2는 8씩 2번 더한 것과 같아요.

1. 8×1
2. 8×2
3. 8×3
4. 8×4
5. 8×5
6. 8×6
7. 8×7
8. 8×8
9. 8×9
10. 8×8
11. 8×7
12. 8×6
13. 8×5
14. 8×4
15. 8×3
16. 8×2
17. 8×1
18. 8×4
19. 8×1
20. 8×7
21. 8×5
22. 8×8
23. 8×6
24. 8×3
25. 8×9

8단을 순서대로 소리 내어 외우면서 곱을 써 보세요.

학습 점검	학습 날짜	걸린 시간	맞은 개수
	월 일	분 초	

241018-0572 ~ 241018-0575

✽ 빈칸에 알맞은 수를 써넣으세요.

26

×	1	2	3	4	5	6	7	8	9
8									

+8 +8 +8 +8 +8 +8 +8 +8

27

×	9	8	7	6	5	4	3	2	1
8									

+8 +8 +8 +8 +8 +8 +8 +8

28

×	1	3	5	7	9	2	4	6	8
8									

29

×	9	8	7	1	4	3	6	5	2
8									

연산력 키우기 **3일차**

4단, 8단 곱셈구구

241018-0576 ~ 241018-0600

곱셈을 하세요.

연산Key

$4 \times 7 = 28$

4×7은 4씩 7번 뛰어 센 수와 같아요.

1. 4×1
2. 8×1
3. 4×2
4. 8×2
5. 4×3
6. 8×3
7. 4×4
8. 8×4
9. 4×5
10. 8×5
11. 4×6
12. 8×6
13. 4×7
14. 8×7
15. 4×8
16. 8×8
17. 4×9
18. 8×9
19. 4×3
20. 8×4
21. 4×5
22. 8×9
23. 8×8
24. 4×6
25. 8×6

4 × ▲는 4씩 ▲번, 8 × ■는 8씩 ■번 뛰어 센 수와 같아요.

학습 점검	학습 날짜	걸린 시간	맞은 개수
	월 일	분 초	

241018-0601 ~ 241018-0627

㉖ 4×1

㉗ 4×3

㉘ 4×5

㉙ 4×7

㉚ 4×9

㉛ 8×1

㉜ 8×3

㉝ 8×5

㉞ 8×7

㉟ 8×9

36 4×2

37 4×4

38 4×6

39 4×8

40 4×9

41 8×2

42 8×4

43 8×6

44 8×8

45 8×9

46 4×1

47 8×2

48 4×3

49 8×4

50 4×5

51 8×6

52 4×7

4일차 4단, 8단 곱셈구구

241018-0628 ~ 241018-0652

□ 안에 알맞은 수를 써넣으세요.

연산Key

$8 \times \boxed{6} = 48$

8×6=48이므로 □=6이에요.

1. $4 \times \square = 12$
2. $4 \times \square = 24$
3. $4 \times \square = 32$
4. $4 \times \square = 16$
5. $4 \times \square = 20$
6. $4 \times \square = 8$
7. $4 \times \square = 28$
8. $4 \times \square = 36$
9. $8 \times \square = 8$
10. $8 \times \square = 40$
11. $8 \times \square = 16$
12. $8 \times \square = 32$
13. $8 \times \square = 56$
14. $8 \times \square = 48$
15. $8 \times \square = 24$
16. $8 \times \square = 72$
17. $8 \times \square = 64$
18. $8 \times \square = 16$
19. $4 \times \square = 8$
20. $8 \times \square = 56$
21. $4 \times \square = 16$
22. $8 \times \square = 64$
23. $4 \times \square = 4$
24. $8 \times \square = 24$
25. $4 \times \square = 28$

4 × □ = ◆는 4단 곱셈구구를, 8 × □ = ●는 8단 곱셈구구를 외워서 구해요.

학습 점검	학습 날짜	걸린 시간	맞은 개수
	월 일	분 초	

241018-0653 ~ 241018-0679

26. $4 \times \square = 4$

27. $8 \times \square = 64$

28. $8 \times \square = 8$

29. $4 \times \square = 8$

30. $4 \times \square = 28$

31. $8 \times \square = 40$

32. $8 \times \square = 48$

33. $4 \times \square = 16$

34. $8 \times \square = 72$

35. $8 \times \square = 16$

36. $4 \times \square = 8$

37. $8 \times \square = 32$

38. $4 \times \square = 24$

39. $8 \times \square = 56$

40. $4 \times \square = 32$

41. $8 \times \square = 24$

42. $4 \times \square = 36$

43. $8 \times \square = 64$

44. $8 \times \square = 40$

45. $4 \times \square = 28$

46. $8 \times \square = 48$

47. $4 \times \square = 12$

48. $8 \times \square = 72$

49. $4 \times \square = 36$

50. $8 \times \square = 16$

51. $4 \times \square = 24$

52. $8 \times \square = 56$

4단, 8단 곱셈구구

241018-0680 ~ 241018-0693

빈칸에 알맞은 수를 써넣으세요.

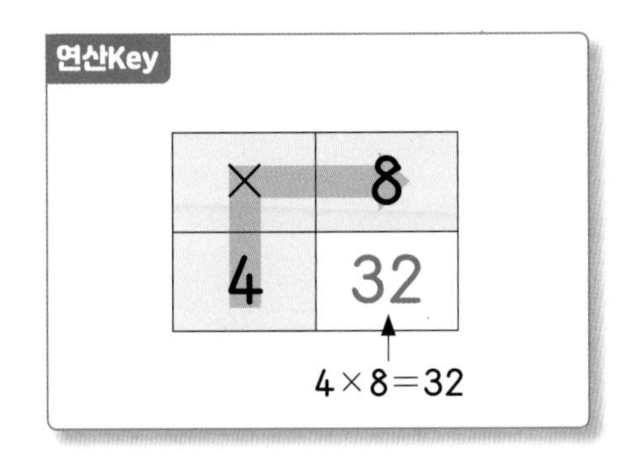

1

×	2
4	

2

×	5
4	

3

×	7
4	

4

×	4
4	

5

×	1
8	

6

×	3
8	

7

×	4
8	

8

×	6
8	

9

×	7
8	

10

×	3
4	

11

×	2
8	

12

×	1
4	

13

×	5
8	

14

×	9
4	

4단, 8단 곱셈구구의 곱이 술술 나올 때까지 외워 보세요.

학습 점검	학습 날짜	걸린 시간	맞은 개수
	월 일	분 초	

241018-0694 ~ 241018-0708

15

×	1
4	

16

×	1
8	

17

×	2
8	

18

×	3
4	

19

×	5
8	

20

×	5
4	

21

×	3
8	

22

×	6
8	

23

×	4
4	

24

×	4
8	

25

×	7
4	

26

×	7
8	

27

×	8
8	

28

×	9
4	

29

×	9
8	

연산 5차시

7단, 9단 곱셈구구

학습목표

❶ 7단 곱셈구구 원리 익히고 계산하기

❷ 9단 곱셈구구 원리 익히고 계산하기

이번에는 7단과 9단 곱셈구구의 규칙을 이해하면서 연습해 볼 거야.
곱셈구구 중에 외우기가 제일 어려운 7단과 9단이지만
7씩, 9씩 커지는 규칙을 생각하며 공부해 보자.

원리 깨치기

❶ 7단 곱셈구구

곱하는 수가 1씩 커지면 → 곱은 7씩 커져요.

$7 \times 1 = 7$
$7 \times 2 = 14$
$7 \times 3 = 21$
$7 \times 4 = 28$
$7 \times 5 = 35$
$7 \times 6 = 42$
$7 \times 7 = 49$
$7 \times 8 = 56$
$7 \times 9 = 63$

연산Key

$7 \times 2 = 14$ +7
$7 \times 3 = 21$ +7
$7 \times 4 = 28$

7단 곱셈구구의 곱은 7씩 커져요.

➡ 7단 곱셈구구에서는 곱하는 수가 1씩 커지면 그 곱은 7씩 커집니다.

❷ 9단 곱셈구구

곱하는 수가 1씩 커지면 → 곱은 9씩 커져요.

$9 \times 1 = 9$
$9 \times 2 = 18$
$9 \times 3 = 27$
$9 \times 4 = 36$
$9 \times 5 = 45$
$9 \times 6 = 54$
$9 \times 7 = 63$
$9 \times 8 = 72$
$9 \times 9 = 81$

연산Key

$9 \times 5 = 45$ +9
$9 \times 6 = 54$ +9
$9 \times 7 = 63$

9단 곱셈구구의 곱은 9씩 커져요.

➡ 9단 곱셈구구에서는 곱하는 수가 1씩 커지면 그 곱은 9씩 커집니다.

이해 안 되는 내용이 있으면 **한번 더** 공부하고 연산력 키우기로 넘어가세요.

연산력 키우기

1일차 7단 곱셈구구

241018-0709 ~ 241018-0733

곱셈을 하세요.

연산Key

$7+7+7=21$

➡ $7\times3=21$

7×3은 7씩 3번 더한 것과 같아요.

1. 7×1
2. 7×2
3. 7×3
4. 7×4
5. 7×5
6. 7×6
7. 7×7
8. 7×8
9. 7×9
10. 7×8
11. 7×7
12. 7×6
13. 7×5
14. 7×4
15. 7×3
16. 7×2
17. 7×1
18. 7×8
19. 7×5
20. 7×1
21. 7×2
22. 7×9
23. 7×6
24. 7×4
25. 7×7

7단을 순서대로 소리 내어 외우면서 곱을 써 보세요.

학습 점검	학습 날짜	걸린 시간	맞은 개수
	월 일	분 초	

빈칸에 알맞은 수를 써넣으세요.

241018-0734 ~ 241018-0737

26

×	1	2	3	4	5	6	7	8	9
7									

+7 +7 +7 +7 +7 +7 +7 +7

27

×	9	8	7	6	5	4	3	2	1
7									

+7 +7 +7 +7 +7 +7 +7 +7

28

×	2	4	6	8	1	3	5	7	9
7									

29

×	1	7	9	2	5	4	3	6	8
7									

9단 곱셈구구

241018-0738 ~ 241018-0762

곱셈을 하세요.

연산Key

$9+9+9=27$

➡ $9\times3=27$

9×3은 9씩 3번 더한 것과 같아요.

1. 9×1
2. 9×2
3. 9×3
4. 9×4
5. 9×5
6. 9×6
7. 9×7
8. 9×8
9. 9×9
10. 9×8
11. 9×7
12. 9×6
13. 9×5
14. 9×4
15. 9×3
16. 9×2
17. 9×1
18. 9×4
19. 9×2
20. 9×9
21. 9×1
22. 9×8
23. 9×6
24. 9×7
25. 9×5

9단을 순서대로 소리 내어 외우면서 곱을 써 보세요.

학습 점검	학습 날짜	걸린 시간	맞은 개수
	월 일	분 초	

241018-0763 ~ 241018-0766

빈칸에 알맞은 수를 써넣으세요.

26

×	1	2	3	4	5	6	7	8	9
9									

+9 +9 +9 +9 +9 +9 +9 +9

27

×	9	8	7	6	5	4	3	2	1
9									

+9 +9 +9 +9 +9 +9 +9 +9

28

×	2	4	6	8	1	3	5	7	9
9									

29

×	3	6	7	5	1	4	8	2	9
9									

3일차 7단, 9단 곱셈구구

241018-0767 ~ 241018-0791

곱셈을 하세요.

연산Key

$7 \times 5 = 35$

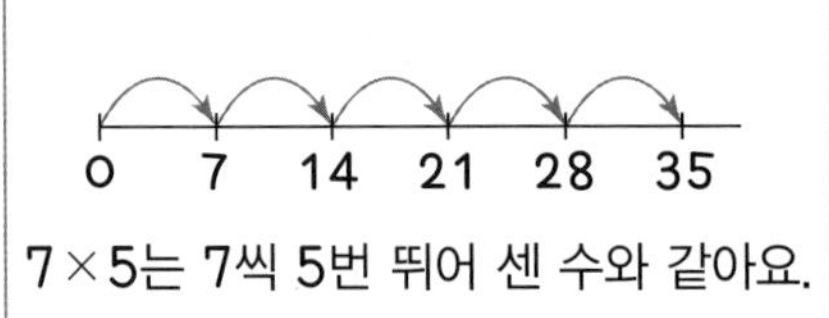

7×5는 7씩 5번 뛰어 센 수와 같아요.

1. 7×1
2. 9×1
3. 7×2
4. 9×2
5. 7×3
6. 9×3
7. 7×4
8. 9×4
9. 7×5
10. 9×5
11. 7×6
12. 9×6
13. 7×7
14. 9×7
15. 7×8
16. 9×8
17. 7×9
18. 9×9
19. 7×9
20. 9×4
21. 7×8
22. 9×2
23. 7×4
24. 9×5
25. 9×7

7 × ▲는 7씩 ▲번, 9 × ■는 9씩 ■번 뛰어 센 수와 같아요.

학습 점검	학습 날짜	걸린 시간	맞은 개수
	월 일	분 초	

241018-0792 ~ 241018-0818

26 7×1

27 7×3

28 7×5

29 7×7

30 7×9

31 9×1

32 9×3

33 9×5

34 9×7

35 9×9

36 7×2

37 7×4

38 7×6

39 7×8

40 9×2

41 9×4

42 9×6

43 9×8

44 7×2

45 9×1

46 7×7

47 9×3

48 7×5

49 9×6

50 7×4

51 9×8

52 7×8

4일차 7단, 9단 곱셈구구

□ 안에 알맞은 수를 써넣으세요.

241018-0819 ~ 241018-0843

연산Key

$9 \times \boxed{4} = 36$

$9 \times 4 = 36$이므로 □$= 4$예요.

1. $7 \times \square = 35$
2. $7 \times \square = 14$
3. $7 \times \square = 42$
4. $7 \times \square = 21$
5. $7 \times \square = 49$
6. $7 \times \square = 28$
7. $7 \times \square = 56$
8. $7 \times \square = 63$
9. $9 \times \square = 9$
10. $9 \times \square = 18$
11. $9 \times \square = 36$
12. $9 \times \square = 54$
13. $9 \times \square = 72$
14. $9 \times \square = 27$
15. $9 \times \square = 45$
16. $9 \times \square = 63$
17. $9 \times \square = 81$
18. $9 \times \square = 18$
19. $7 \times \square = 7$
20. $9 \times \square = 45$
21. $7 \times \square = 49$
22. $9 \times \square = 63$
23. $7 \times \square = 63$
24. $9 \times \square = 81$
25. $7 \times \square = 42$

$7 \times \square = \blacklozenge$는 7단 곱셈구구를, $9 \times \square = \bullet$는 9단 곱셈구구를 외워서 구해요.

학습 점검	학습 날짜	걸린 시간	맞은 개수
	월 일	분 초	

241018-0844 ~ 241018-0870

26. $7 \times \square = 7$

27. $7 \times \square = 14$

28. $9 \times \square = 18$

29. $7 \times \square = 42$

30. $7 \times \square = 21$

31. $9 \times \square = 72$

32. $9 \times \square = 27$

33. $7 \times \square = 35$

34. $9 \times \square = 81$

35. $7 \times \square = 49$

36. $9 \times \square = 9$

37. $7 \times \square = 63$

38. $7 \times \square = 35$

39. $9 \times \square = 72$

40. $7 \times \square = 28$

41. $9 \times \square = 45$

42. $7 \times \square = 56$

43. $9 \times \square = 63$

44. $7 \times \square = 7$

45. $9 \times \square = 18$

46. $7 \times \square = 56$

47. $7 \times \square = 21$

48. $9 \times \square = 45$

49. $7 \times \square = 42$

50. $9 \times \square = 81$

51. $7 \times \square = 49$

52. $9 \times \square = 54$

연산력 키우기 **5일차** 7단, 9단 곱셈구구

241018-0871 ~ 241018-0884

빈칸에 알맞은 수를 써넣으세요.

연산Key

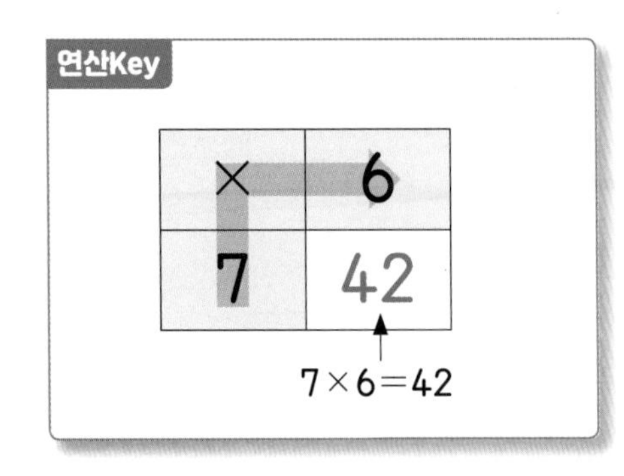

1

×	1
7	

2

×	4
7	

3

×	5
7	

4

×	3
7	

5

×	1
9	

6

×	2
9	

7

×	5
9	

8

×	3
9	

9

×	6
9	

10

×	2
7	

11

×	4
9	

12

×	7
7	

13

×	9
7	

14

×	8
9	

7단, 9단 곱셈구구의 곱이 술술 나올 때까지 외워 보세요.

학습 점검	학습 날짜	걸린 시간	맞은 개수
	월 일	분 초	

241018-0885 ~ 241018-0899

⑮

×	1
7	

⑳

×	6
9	

㉕

×	3
9	

⑯

×	2
9	

㉑

×	3
7	

㉖

×	8
7	

⑰

×	2
7	

㉒

×	1
9	

㉗

×	8
9	

⑱

×	4
9	

㉓

×	5
7	

㉘

×	9
7	

⑲

×	4
7	

㉔

×	5
9	

㉙

×	9
9	

연산 6차시

4, 7, 8, 9단 곱셈구구

학습목표

❶ 4, 7, 8, 9단 섞어 곱셈구구 완성하기

❷ 4, 7, 8, 9단 곱셈표로 곱셈구구 완성하기

지금부터는 앞에서 배운 4, 7, 8, 9단 각 곱셈구구를 완벽하게
익혔는지 정리해 볼 거야.
각 단을 섞어가며 곱을 구할 때 헷갈리지 않고 완벽하게
술술 외울 때까지 큰 소리로 외워 보자.

원리 깨치기

① 4, 7, 8, 9단 곱셈구구

×	1	2	3	4	5	6	7	8	9
4	4	8	12	16	20	24	28	32	36

+4 +4 +4 +4 +4 +4 +4 +4

4단의 곱은 4씩 커져요.

×	1	2	3	4	5	6	7	8	9
7	7	14	21	28	35	42	49	56	63

+7 +7 +7 +7 +7 +7 +7 +7

7단의 곱은 7씩 커져요.

×	1	2	3	4	5	6	7	8	9
8	8	16	24	32	40	48	56	64	72

+8 +8 +8 +8 +8 +8 +8 +8

8단의 곱은 8씩 커져요.

×	1	2	3	4	5	6	7	8	9
9	9	18	27	36	45	54	63	72	81

+9 +9 +9 +9 +9 +9 +9 +9

9단의 곱은 9씩 커져요.

➡ ♥단 곱셈구구에서는 곱하는 수가 1씩 커지면 그 곱은 ♥씩 커집니다.

② 곱의 규칙을 찾아보아요

×	2	3	4	5
7	14	21	28	35

7단이므로 곱이 7씩 커져요.

7×4는 7×3보다 7만큼 커요.

×	6	7	8	9
9	54	63	72	81

9단이므로 곱이 9씩 작아져요.

9×7은 9×8보다 9만큼 작아요.

연산Key

×	1	2	3	…
4	4	8	12	…
7	7	14	21	…
8	8	16	24	…
9	9	18	27	…

4단 곱셈구구는 4씩,
7단 곱셈구구는 7씩,
8단 곱셈구구는 8씩,
9단 곱셈구구는 9씩 커져요.

이해 안 되는 내용이 있으면 **한번 더** 공부하고 연산력 키우기로 넘어가세요.

연산력 키우기

1일차 4, 7, 8, 9단 곱셈구구

241018-0900 ~ 241018-0924

곱셈을 하세요.

연산Key

$7 \times 2 = 14$

+1 +2

$8 \times 2 = 16$

1. 4×3
2. 7×3
3. 8×3
4. 9×3
5. 4×4
6. 7×4
7. 8×4
8. 9×4
9. 4×5
10. 7×5
11. 8×5
12. 9×5
13. 4×6
14. 7×6
15. 8×6
16. 9×6
17. 4×7
18. 7×7
19. 8×7
20. 9×7
21. 4×8
22. 7×8
23. 8×8
24. 9×8
25. 4×9

곱해지는 수가 1씩 커지고 곱하는 수가 ★로 같으면 곱은 ★씩 커져요.

학습 점검	학습 날짜	걸린 시간	맞은 개수
	월 일	분 초	

241018-0925 ~ 241018-0928

빈칸에 알맞은 수를 써넣으세요.

26

×	1	2	4	6	7	8	3	5	9
4									
7									

27

×	4	7	9	1	5	6	2	3	8
8									
9									

28

×	2	9	6	5	4	3	1	8	7
4									
8									

29

×	1	5	4	2	6	8	3	7	9
7									
9									

연산력 키우기 **2일차**

4, 7, 8, 9단 곱셈구구

241018-0929 ~ 241018-0953

곱셈을 하세요.

연산Key

$7 \times 6 = 42$

$6 \times 7 = 42$

7×6의 곱은 6×7의 곱과 같아요.

1. 4×7
2. 7×4
3. 4×8
4. 8×4
5. 4×9
6. 9×4
7. 7×8
8. 8×7
9. 7×9
10. 9×7
11. 8×9
12. 9×8
13. 4×3
14. 7×5
15. 8×6
16. 9×2
17. 4×5
18. 7×3
19. 8×3
20. 9×5
21. 4×2
22. 7×6
23. 8×8
24. 9×6
25. 4×6

곱하는 두 수의 순서를 서로 바꾸어도 곱은 같아요.

학습 점검	학습 날짜	걸린 시간	맞은 개수
	월 일	분 초	

빈칸에 알맞은 수를 써넣으세요.

241018-0954 ~ 241018-0957

26

×	9	8	7	6	5	4	3	2	1
4									
8									

27

×	9	8	7	6	5	4	3	2	1
7									
9									

28

×	3	4	1	5	2	6	7	9	8
7									
4									

29

×	1	6	2	4	3	8	9	5	7
9									
8									

연산력 키우기 3일차

4, 7, 8, 9단 곱셈구구

241018-0958 ~ 241018-0983

곱셈을 하세요.

연산Key

$4 \times 8 = 32$

1. 4×1
2. 9×2
3. 8×5
4. 7×6
5. 4×4
6. 8×2
7. 9×3
8. 4×5
9. 8×8
10. 7×2
11. 8×7
12. 4×9
13. 9×8
14. 7×8
15. 7×4
16. 4×2
17. 9×6
18. 8×6
19. 9×7
20. 8×3
21. 9×4
22. 7×9
23. 7×5
24. 4×7
25. 9×9
26. 8×9

4, 7, 8, 9단을 완전히 외우도록 연습해 보세요.

학습 점검	학습 날짜	걸린 시간	맞은 개수
	월 일	분 초	

✽ 빈칸에 알맞은 수를 써넣으세요.

241018-0984 ~ 241018-0986

27

×	1	5	2	6	9	7	4	8	3
4									
7									
9									

28

×	7	8	9	4	1	6	5	2	3
4									
8									
7									

29

×	3	1	6	2	5	8	4	7	9
8									
4									
9									

연산력 키우기 **4일차**

4, 7, 8, 9단 곱셈구구

241018-0987 ~ 241018-1011

□ 안에 알맞은 수를 써넣으세요.

연산Key

$7 \times \boxed{3} = 21$

$7 \times 3 = 21$이므로 $\square = 3$이에요.

$8 \times \boxed{3} = 24$

$8 \times 3 = 24$이므로 $\square = 3$이에요.

1. $4 \times \square = 8$
2. $8 \times \square = 32$
3. $9 \times \square = 36$
4. $4 \times \square = 20$
5. $7 \times \square = 35$
6. $8 \times \square = 16$
7. $9 \times \square = 18$
8. $4 \times \square = 16$
9. $7 \times \square = 28$
10. $9 \times \square = 45$
11. $4 \times \square = 12$
12. $7 \times \square = 56$
13. $4 \times \square = 32$
14. $9 \times \square = 54$
15. $8 \times \square = 48$
16. $7 \times \square = 42$
17. $8 \times \square = 56$
18. $9 \times \square = 81$
19. $4 \times \square = 24$
20. $8 \times \square = 72$
21. $9 \times \square = 63$
22. $4 \times \square = 36$
23. $7 \times \square = 63$
24. $8 \times \square = 64$
25. $9 \times \square = 72$

●×□=◆에서 □는 ●단 곱셈구구를 외워서 구해요.

학습 점검	학습 날짜	걸린 시간	맞은 개수
	월 일	분 초	

241018-1012 ~ 241018-1014

빈칸에 알맞은 수를 써넣으세요.

26

×	1	3	2	5	6	7	4	8	9
4									
7									
8									
9									

27

×	3	□	5	4	9	1	7	6	8
4		8							
8									
7									
9									

28

×	1	□	3	□	2	□	7	5	9
4				24		32			
8		32				64			
7				42					
9		36							

연산력 키우기

5일차 4, 7, 8, 9단 곱셈구구

241018-1015 ~ 241018-1025

빈칸에 알맞은 수를 써넣으세요.

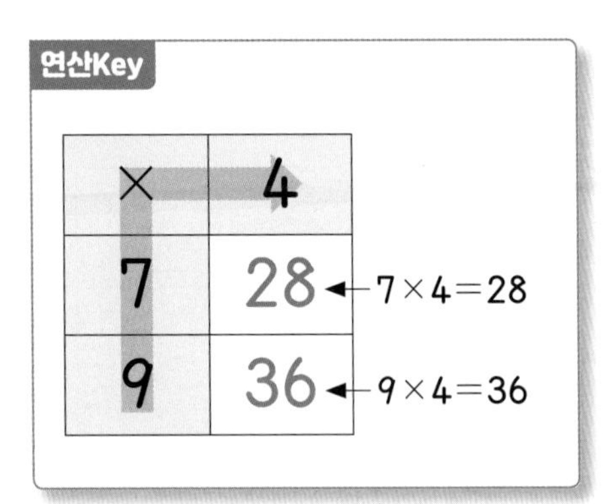

④

×	5
4	
7	

⑧

×	8
7	
4	

①

×	2
4	
7	

⑤

×	2
8	
9	

⑨

×	7
8	
7	

②

×	3
4	
8	

⑥

×	5
8	
9	

⑩

×	7
9	
4	

③

×	4
7	
8	

⑦

×	6
7	
9	

⑪

×	8
9	
8	

4, 7, 8, 9단 곱셈구구의 곱이 술술 나올 때까지 외워 보세요.

학습 점검	학습 날짜	걸린 시간	맞은 개수
	월 일	분 초	

241018-1026 ~ 241018-1034

12

×	1
4	
7	
8	
9	

13

×	4
4	
8	
7	
9	

14

×	2
7	
4	
8	
9	

15

×	5
7	
8	
9	
4	

16

×	3
7	
9	
4	
8	

17

×	7
8	
4	
7	
9	

18

×	6
8	
9	
4	
7	

19

×	8
9	
4	
7	
8	

20

×	9
9	
8	
7	
4	

연산 7차시

1단, 0의 곱, 곱셈표

학습목표

1. 1단 곱셈구구, 0의 곱 원리 익히고 계산하기
2. 곱셈표를 이용하여 1단~9단까지의 곱셈구구 익히기

이번에 공부할 1단과 0의 곱까지 알게 되면 곱셈구구는 다 마쳤어.
이제는 곱셈구구를 이용하여 곱셈표를 만들어 보면서 곱셈구구에서 여러 가지 규칙을 발견해 보자.

원리 깨치기

❶ 1단 곱셈구구

×	1	2	3	4	5	6	7	8	9
1	1	2	3	4	5	6	7	8	9

+1 +1 +1 +1 +1 +1 +1 +1

같아요.

- 1과 어떤 수의 곱은 항상 어떤 수 그 자신이 됩니다.
- 1단 곱셈구구에서는 곱하는 수가 1씩 커지면 그 곱은 1씩 커집니다.

연산Key

1×(어떤 수)=(어떤 수)

↓

1 × ■ = ■

❷ 0의 곱

0×1=0	0×2=0	0×3=0
0×4=0	0×5=0	0×6=0
0×7=0	0×8=0	0×9=0

0과 어떤 수의 곱은 항상 0입니다.

1×0=0	2×0=0	3×0=0
4×0=0	5×0=0	6×0=0
7×0=0	8×0=0	9×0=0

어떤 수와 0의 곱은 항상 0입니다.

연산Key

0×(어떤 수)=0

↓

0 × ★ = 0

(어떤 수)×0=0

↓

★ × 0 = 0

❸ 곱셈표

×	0	1	2	3	4	5	6	7	8	9
0	0	0	0	0	0	0	0	0	0	0
1	0	1	2	3	4	5	6	7	8	9
2	0	2	4	6	8	10	12	14	16	18
3	0	3	6	9	12	15	18	21	24	27
4	0	4	8	12	16	20	24	28	32	36
5	0	5	10	15	20	25	30	35	40	45
6	0	6	12	18	24	30	36	42	48	54
7	0	7	14	21	28	35	42	49	56	63
8	0	8	16	24	32	40	48	56	64	72
9	0	9	18	27	36	45	54	63	72	81

곱하는 수

곱이 2씩 커져요.

9×7=7×9=63

곱해지는 수

곱이 3씩 커져요.

연산Key

곱셈표의 규칙

① ●단 곱셈구구에서는 곱하는 수가 1씩 커지면 그 곱은 ●씩 커져요.

② 곱셈에서 곱하는 두 수를 서로 바꾸어도 곱은 같아요.

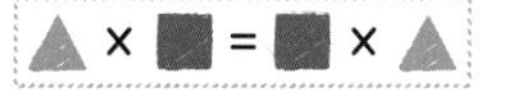

이해 안 되는 내용이 있으면 **한번 더** 공부하고 연산력 키우기로 넘어가세요.

1일차 1단 곱셈구구, 0의 곱

241018-1035 ~ 241018-1059

곱셈을 하세요.

연산Key

$1+1+1=3$

➡ $1\times3=3$

1×3은 1씩 3번 더한 것과 같아요.

1. 1×1
2. 1×2
3. 1×4
4. 1×5
5. 1×6
6. 1×7
7. 1×8
8. 1×9
9. 0×1
10. 0×2
11. 0×3
12. 0×4
13. 0×5
14. 0×6
15. 0×7
16. 0×8
17. 0×9
18. 2×0
19. 3×0
20. 4×0
21. 5×0
22. 6×0
23. 7×0
24. 8×0
25. 9×0

1과 어떤 수의 곱은 어떤 수이고, 0의 곱은 항상 0이에요.

학습 점검	학습 날짜	걸린 시간	맞은 개수
	월 일	분 초	

빈칸에 알맞은 수를 써넣으세요.

241018-1060 ~ 241018-1063

26

×	1	2	3	4	5	6	7	8	9
1									

+1 +1 +1 +1 +1 +1 +1 +1

27

×	9	8	7	6	5	4	3	2	1
1									

+1 +1 +1 +1 +1 +1 +1 +1

28

×	1	2	3	4	5	6	7	8	9
0									

29

×	6	1	2	3	9	7	4	8	5
0									

연산력 키우기 2일차 곱셈표

241018-1064 ~ 241018-1071

빈칸에 알맞은 수를 써넣어 곱셈표를 완성하세요.

연산Key

×	7	8
1	1×7 7	1×8 8
2	2×7 14	2×8 16
3	3×7 21	3×8 24

①

×	1	2
0		
1		
2		

②

×	2	3
3		
4		
5		

③

×	2	3
6		
7		
8		

④

×	4	5
1		
2		
3		

⑤

×	4	5
4		
5		
6		

⑥

×	7	8
2		
3		
4		

⑦

×	7	8
5		
6		
7		

⑧

×	8	9
7		
8		
9		

왼쪽의 수에 위의 수를 곱한 수를 빈칸에 써넣어요.

학습 점검	학습 날짜	걸린 시간	맞은 개수
	월 일	분 초	

241018-1072 ~ 241018-1080

9

×	2	3
1		
4		
6		

12

×	8	9
2		
6		
9		

15

×	4	8
3		
5		
9		

10

×	4	5
3		
7		
9		

13

×	2	7
4		
5		
7		

16

×	8	6
1		
5		
9		

11

×	6	7
0		
6		
8		

14

×	3	6
2		
3		
4		

17

×	9	5
2		
4		
7		

연산력 키우기

3일차 곱셈표

241018-1081 ~ 241018-1083

빈칸에 알맞은 수를 써넣어 곱셈표를 완성하세요.

연산Key

×	0	1	2	3	4	5	6	7	8	9
2	0	2	4	6	8	10	12	14	16	18
	2×0	2×1	2×2	2×3	2×4	2×5	2×6	2×7	2×8	2×9

1

×	0	1	2	3	4	5	6	7	8	9
1										
4										
8										

2

×	0	1	2	3	4	5	6	7	8	9
3										
6										
9										

3

×	0	1	2	3	4	5	6	7	8	9
0										
5										
7										

곱셈표를 완성한 후 오른쪽으로 갈수록 얼마씩 커지는지 알아보세요.

학습 점검	학습 날짜	걸린 시간	맞은 개수
	월 일	분 초	

241018-1084 ~ 241018-1086

4

×	2	3	5
9			
8			
7			
6			
5			
4			
3			
2			
1			
0			

5

×	6	4	8
9			
8			
7			
6			
5			
4			
3			
2			
1			
0			

6

×	1	7	9
9			
8			
7			
6			
5			
4			
3			
2			
1			
0			

4일차 곱셈표

241018-1087

빈칸에 알맞은 수를 써넣어 곱셈표를 완성하세요.

연산Key

×	2	3	4	5
1	1×2 2	1×3 3	1×4 4	1×5 5
2	2×2 4	2×3 6	2×4 8	2×5 10

← 오른쪽으로 갈수록 곱이 1씩 커져요.

← 오른쪽으로 갈수록 곱이 2씩 커져요.

1

×	0	1	2	3	4	5	6	7	8	9
0	0	0								
1	0									
2										
3										
4										
5										
6										
7										
8										
9										

빈칸에 곱을 쓰면서 곱의 규칙을 발견해 보세요.

학습 점검	학습 날짜	걸린 시간	맞은 개수
	월 일	분 초	

241018-1088

2

×	9	8	7	6	5	4	3	2	1	0
0										
1										
2										
3			21							
4										
5							15			
6										
7										
8				48						
9										

연산력 키우기

5일차 곱셈표

241018-1089 ~ 241018-1092

빈칸에 알맞은 수를 써넣어 곱셈표를 완성하세요.

연산Key

×	4	7
4	4×4 16	4×7 28
7	7×4 28	7×7 49

$4 \times 7 = 28$ $7 \times 4 = 28$

곱하는 두 수의 순서를 바꾸어도 곱은 같아요.

1

×	1	2	3	4	5
1					
2					
3					
4					
5					

2

×	1	2	4	6	8
0					
3					
5					
7					
9					

3

×	6	7	8	9	0
6					
7					
8					
9					
0					

4

×	3	7	0	2	9
4					
1					
8					
5					
9					

빈칸에 곱을 쓰면서 곱의 규칙을 발견해 보세요.

학습 점검	학습 날짜	걸린 시간	맞은 개수
	월 일	분 초	

241018-1093

5

×	3	1	6	4	7	2	9	8	0	5
0										
2										
8										
3										
1										
5										
9										
7										
4										
6										

연산 8차시

곱셈구구의 완성

학습목표

❶ 1단~9단 곱셈구구 섞어 익히고 완성하기

❷ 1단~9단 곱셈구구에서 곱해지는 수 또는 곱하는 수 구하기

만약 ■단 곱셈구구의 곱이 바로 나오지 않으면 ■단 곱셈구구만 집중적으로 외워야 해.
자, 그럼 곱셈구구를 완벽하게 외웠는지 마지막으로 정리해 보자.

원리 깨치기

❶ 곱셈구구표

1단	2단	3단	4단	5단
$1\times1=1$	$2\times1=2$	$3\times1=3$	$4\times1=4$	$5\times1=5$
$1\times2=2$	$2\times2=4$	$3\times2=6$	$4\times2=8$	$5\times2=10$
$1\times3=3$	$2\times3=6$	$3\times3=9$	$4\times3=12$	$5\times3=15$
$1\times4=4$	$2\times4=8$	$3\times4=12$	$4\times4=16$	$5\times4=20$
$1\times5=5$	$2\times5=10$	$3\times5=15$	$4\times5=20$	$5\times5=25$
$1\times6=6$	$2\times6=12$	$3\times6=18$	$4\times6=24$	$5\times6=30$
$1\times7=7$	$2\times7=14$	$3\times7=21$	$4\times7=28$	$5\times7=35$
$1\times8=8$	$2\times8=16$	$3\times8=24$	$4\times8=32$	$5\times8=40$
$1\times9=9$	$2\times9=18$	$3\times9=27$	$4\times9=36$	$5\times9=45$
1×(어떤 수)=(어떤 수)	곱이 2씩 커집니다.	곱이 3씩 커집니다.	곱이 4씩 커집니다.	곱이 5씩 커집니다.

6단	7단	8단	9단	0의 곱
$6\times1=6$	$7\times1=7$	$8\times1=8$	$9\times1=9$	$0\times1=0$
$6\times2=12$	$7\times2=14$	$8\times2=16$	$9\times2=18$	$0\times2=0$
$6\times3=18$	$7\times3=21$	$8\times3=24$	$9\times3=27$	$0\times3=0$
$6\times4=24$	$7\times4=28$	$8\times4=32$	$9\times4=36$	$0\times4=0$
$6\times5=30$	$7\times5=35$	$8\times5=40$	$9\times5=45$	$0\times5=0$
$6\times6=36$	$7\times6=42$	$8\times6=48$	$9\times6=54$	$0\times6=0$
$6\times7=42$	$7\times7=49$	$8\times7=56$	$9\times7=63$	$0\times7=0$
$6\times8=48$	$7\times8=56$	$8\times8=64$	$9\times8=72$	$0\times8=0$
$6\times9=54$	$7\times9=63$	$8\times9=72$	$9\times9=81$	$0\times9=0$
곱이 6씩 커집니다.	곱이 7씩 커집니다.	곱이 8씩 커집니다.	곱이 9씩 커집니다.	0×(어떤 수)=0

- ■단 곱셈구구에서 곱은 ■씩 커집니다.
- 곱이 ▲씩 커지는 곱셈구구는 ▲단 곱셈구구입니다.
- 곱셈에서 곱하는 두 수를 서로 바꾸어도 곱은 같습니다.

$3\times7=21$, $7\times3=21$ ➡ $3\times7=7\times3$

연산Key

- ■단 곱셈구구
  곱은 ■씩 커져요.
- 두 수 바꾸어 곱하기

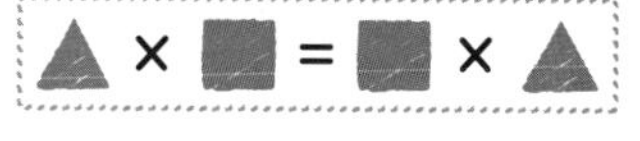

이해 안 되는 내용이 있으면 **한번 더** 공부하고 연산력 키우기로 넘어가세요.

연산력 키우기

1일차 1단~9단 곱셈구구, 0의 곱

241018-1094 ~ 241018-1118

곱셈을 하세요.

연산Key

$1\times1=1$

$8\times8=64$

① 1×9

② 2×8

③ 3×7

④ 4×6

⑤ 5×5

⑥ 6×4

⑦ 7×3

⑧ 8×2

⑨ 9×4

⑩ 1×6

⑪ 2×9

⑫ 3×8

⑬ 4×2

⑭ 5×3

⑮ 6×8

⑯ 7×5

⑰ 8×9

⑱ 9×7

⑲ 2×6

⑳ 5×8

㉑ 7×9

㉒ 3×6

㉓ 9×5

㉔ 4×7

㉕ 0×3

1단부터 9단까지 곱셈구구를 소리내어 외워 보세요.

학습 점검	학습 날짜	걸린 시간	맞은 개수
	월 일	분 초	

241018-1119 ~ 241018-1145

26 9×0

27 8×1

28 7×8

29 6×2

30 5×4

31 4×5

32 3×6

33 2×7

34 1×8

35 0×9

36 9×9

37 8×8

38 3×8

39 6×7

40 5×9

41 4×3

42 7×6

43 2×0

44 1×5

45 6×6

46 7×7

47 5×7

48 8×5

49 4×9

50 0×1

51 3×9

52 2×5

2일차 1단~9단 곱셈구구, 0의 곱

241018-1146 ~ 241018-1167

곱셈을 하세요.

연산Key

$1 \times 7 = 7$

$7 \times 1 = 7$

1×7의 곱은 7×1의 곱과 같아요.

1. 0×1
2. 1×0
3. 1×2
4. 2×1
5. 1×3
6. 3×1
7. 1×4
8. 4×1
9. 1×5
10. 5×1
11. 1×6
12. 6×1
13. 1×7
14. 7×1
15. 1×8
16. 8×1
17. 1×9
18. 9×1
19. 2×3
20. 3×2
21. 2×5
22. 5×2

곱하는 두 수의 순서를 서로 바꾸어도 곱은 같아요.

학습 점검	학습 날짜	걸린 시간	맞은 개수
	월 일	분 초	

✽ □ 안에 알맞은 수를 써넣으세요.

241018-1168 ~ 241018-1191

23 $\square \times 1 = 0$

24 $1 \times \square = 0$

25 $\square \times 4 = 4$

26 $4 \times \square = 4$

27 $\square \times 1 = 9$

28 $1 \times \square = 9$

29 $\square \times 5 = 5$

30 $5 \times \square = 5$

31 $\square \times 2 = 2$

32 $2 \times \square = 2$

33 $\square \times 3 = 0$

34 $3 \times \square = 0$

35 $\square \times 1 = 6$

36 $1 \times \square = 6$

37 $\square \times 3 = 6$

38 $3 \times \square = 6$

39 $\square \times 2 = 10$

40 $2 \times \square = 10$

41 $\square \times 4 = 8$

42 $4 \times \square = 8$

43 $\square \times 1 = 8$

44 $1 \times \square = 8$

45 $\square \times 6 = 12$

46 $6 \times \square = 12$

3일차 1단~9단 곱셈구구, 0의 곱

241018-1192 ~ 241018-1213

곱셈을 하세요.

연산Key

$3 \times 9 = 27$

$9 \times 3 = 27$

3×9의 곱은 9×3의 곱과 같아요.

1. 2×7
2. 7×2
3. 2×8
4. 8×2
5. 2×9
6. 9×2
7. 3×4
8. 4×3
9. 3×5
10. 5×3
11. 0×6
12. 6×0
13. 3×6
14. 6×3
15. 3×7
16. 7×3
17. 3×8
18. 8×3
19. 4×5
20. 5×4
21. 4×7
22. 7×4

곱하는 두 수의 순서를 서로 바꾸어도 곱은 같아요.

학습 점검	학습 날짜	걸린 시간	맞은 개수
	월 일	분 초	

241018-1214 ~ 241018-1237

□ 안에 알맞은 수를 써넣으세요.

23 $\square \times 6 = 0$

24 $6 \times \square = 0$

25 $\square \times 2 = 16$

26 $2 \times \square = 16$

27 $\square \times 5 = 15$

28 $5 \times \square = 15$

29 $\square \times 3 = 12$

30 $3 \times \square = 12$

31 $\square \times 4 = 20$

32 $4 \times \square = 20$

33 $\square \times 2 = 18$

34 $2 \times \square = 18$

35 $\square \times 6 = 18$

36 $6 \times \square = 18$

37 $\square \times 3 = 21$

38 $3 \times \square = 21$

39 $\square \times 6 = 24$

40 $6 \times \square = 24$

41 $\square \times 8 = 24$

42 $8 \times \square = 24$

43 $\square \times 8 = 0$

44 $8 \times \square = 0$

45 $\square \times 4 = 28$

46 $4 \times \square = 28$

1단~9단 곱셈구구, 0의 곱

241018-1238 ~ 241018-1259

곱셈을 하세요.

연산Key

$6 \times 5 = 30$

$5 \times 6 = 30$

6×5의 곱은 5×6의 곱과 같아요.

1. 4×8
2. 8×4
3. 4×9
4. 9×4
5. 5×7
6. 7×5
7. 5×8
8. 8×5
9. 5×9
10. 9×5
11. 6×7
12. 7×6
13. 6×8
14. 8×6
15. 6×9
16. 9×6
17. 7×8
18. 8×7
19. 8×9
20. 9×8
21. 0×9
22. 9×0

곱하는 두 수의 순서를 서로 바꾸어도 곱은 같아요.

학습 점검	학습 날짜	걸린 시간	맞은 개수
	월 일	분 초	

□ 안에 알맞은 수를 써넣으세요.

241018-1260 ~ 241018-1283

23 $\square \times 8 = 32$

24 $8 \times \square = 32$

25 $\square \times 8 = 40$

26 $8 \times \square = 40$

27 $\square \times 4 = 36$

28 $4 \times \square = 36$

29 $\square \times 5 = 45$

30 $5 \times \square = 45$

31 $\square \times 7 = 35$

32 $7 \times \square = 35$

33 $\square \times 5 = 0$

34 $5 \times \square = 0$

35 $\square \times 6 = 48$

36 $6 \times \square = 48$

37 $\square \times 6 = 54$

38 $6 \times \square = 54$

39 $\square \times 7 = 56$

40 $7 \times \square = 56$

41 $\square \times 9 = 63$

42 $9 \times \square = 63$

43 $\square \times 9 = 72$

44 $9 \times \square = 72$

45 $\square \times 8 = 64$

46 $9 \times \square = 81$

1단~9단 곱셈구구, 0의 곱

241018-1284 ~ 241018-1297

빈칸에 알맞은 수를 써넣으세요.

연산Key

×	3
8	24

8×3=24이므로 □=3이에요.

1

×	2
2	

2

×	3
3	

3

×	4
4	

4

×	5
5	

5

×	6
6	

6

×	7
7	

7

×	8
8	

8

×	9
9	

9

×	7
3	

10

×	6
1	

11

×	□
7	0

12

×	□
2	12

13

×	□
5	15

14

×	□
4	20

▲×□=●이면 ▲단 곱셈구구를, ★×□=◆이면 ★단 곱셈구구를 외워 보세요.

학습 점검	학습 날짜		걸린 시간		맞은 개수
	월	일	분	초	

241018-1298 ~ 241018-1312

15

×	7
2	

16

×	6
3	

17

×	7
4	

18

×	9
5	

19

×	5
6	

20

×	8
7	

21

×	4
0	

22

×	2
8	

23

×	8
9	

24

×	7
9	

25

×	□
4	16

26

×	□
6	36

27

×	□
3	9

28

×	□
7	49

29

×	□
5	25

MEMO

정답

연산 1차시

2단, 5단 곱셈구구

1일차

10~11쪽

❶ 2×1=2
❷ 2×2=4
❸ 2×3=6
❹ 2×4=8
❺ 2×5=10
❻ 2×6=12
❼ 2×7=14
❽ 2×8=16
❾ 2×9=18
❿ 2×8=16
⓫ 2×7=14
⓬ 2×6=12
⓭ 2×5=10
⓮ 2×4=8
⓯ 2×3=6
⓰ 2×2=4
⓱ 2×1=2
⓲ 2×7=14
⓳ 2×3=6
⓴ 2×9=18
㉑ 2×1=2
㉒ 2×8=16
㉓ 2×4=8
㉔ 2×6=12
㉕ 2×5=10

㉖

×	1	2	3	4	5	6	7	8	9
2	2	4	6	8	10	12	14	16	18

+2 +2 +2 +2 +2 +2 +2 +2

㉗

×	9	8	7	6	5	4	3	2	1
2	18	16	14	12	10	8	6	4	2

+2 +2 +2 +2 +2 +2 +2 +2

㉘

×	1	3	5	7	9	2	4	6	8
2	2	6	10	14	18	4	8	12	16

㉙

×	2	5	3	1	6	8	7	4	9
2	4	10	6	2	12	16	14	8	18

2일차

12~13쪽

❶ 5×1=5
❷ 5×2=10
❸ 5×3=15
❹ 5×4=20
❺ 5×5=25
❻ 5×6=30
❼ 5×7=35
❽ 5×8=40
❾ 5×9=45
❿ 5×8=40
⓫ 5×7=35
⓬ 5×6=30
⓭ 5×5=25
⓮ 5×4=20
⓯ 5×3=15
⓰ 5×2=10
⓱ 5×1=5
⓲ 5×9=45
⓳ 5×1=5
⓴ 5×8=40
㉑ 5×4=20
㉒ 5×7=35
㉓ 5×5=25
㉔ 5×2=10
㉕ 5×6=30

㉖

×	1	2	3	4	5	6	7	8	9
5	5	10	15	20	25	30	35	40	45

+5 +5 +5 +5 +5 +5 +5 +5

㉗

×	9	8	7	6	5	4	3	2	1
5	45	40	35	30	25	20	15	10	5

+5 +5 +5 +5 +5 +5 +5 +5

㉘

×	1	3	5	7	9	2	4	6	8
5	5	15	25	35	45	10	20	30	40

㉙

×	5	2	4	8	1	6	7	9	3
5	25	10	20	40	5	30	35	45	15

3일차

14~15쪽

1. $2\times1=2$
2. $5\times1=5$
3. $2\times2=4$
4. $5\times2=10$
5. $2\times3=6$
6. $5\times3=15$
7. $2\times4=8$
8. $5\times4=20$
9. $2\times5=10$
10. $5\times5=25$
11. $2\times6=12$
12. $5\times6=30$
13. $2\times7=14$
14. $5\times7=35$
15. $2\times8=16$
16. $5\times8=40$
17. $2\times9=18$
18. $5\times9=45$
19. $2\times7=14$
20. $5\times7=35$
21. $2\times9=18$
22. $5\times3=15$
23. $2\times6=12$
24. $5\times1=5$
25. $5\times9=45$
26. $2\times1=2$
27. $2\times3=6$
28. $2\times5=10$
29. $2\times7=14$
30. $2\times9=18$
31. $5\times1=5$
32. $5\times3=15$
33. $5\times5=25$
34. $5\times7=35$
35. $5\times9=45$
36. $2\times2=4$
37. $2\times4=8$
38. $2\times6=12$
39. $2\times8=16$
40. $5\times2=10$
41. $5\times4=20$
42. $5\times6=30$
43. $5\times8=40$
44. $2\times3=6$
45. $5\times7=35$
46. $2\times7=14$
47. $5\times2=10$
48. $2\times6=12$
49. $5\times4=20$
50. $2\times8=16$
51. $5\times9=45$
52. $2\times4=8$

4일차

16~17쪽

1. $2\times\boxed{1}=2$
2. $2\times\boxed{3}=6$
3. $2\times\boxed{6}=12$
4. $2\times\boxed{4}=8$
5. $2\times\boxed{7}=14$
6. $2\times\boxed{8}=16$
7. $2\times\boxed{9}=18$
8. $2\times\boxed{5}=10$
9. $5\times\boxed{5}=25$
10. $5\times\boxed{1}=5$
11. $5\times\boxed{7}=35$
12. $5\times\boxed{8}=40$
13. $5\times\boxed{6}=30$
14. $5\times\boxed{4}=20$
15. $5\times\boxed{3}=15$
16. $5\times\boxed{9}=45$
17. $2\times\boxed{3}=6$
18. $5\times\boxed{6}=30$
19. $2\times\boxed{5}=10$
20. $5\times\boxed{2}=10$
21. $2\times\boxed{6}=12$
22. $5\times\boxed{1}=5$
23. $2\times\boxed{8}=16$
24. $5\times\boxed{7}=35$
25. $2\times\boxed{7}=14$
26. $2\times\boxed{1}=2$
27. $5\times\boxed{3}=15$
28. $5\times\boxed{8}=40$
29. $2\times\boxed{4}=8$
30. $2\times\boxed{7}=14$
31. $5\times\boxed{2}=10$
32. $5\times\boxed{5}=25$
33. $2\times\boxed{2}=4$
34. $5\times\boxed{6}=30$
35. $2\times\boxed{3}=6$
36. $2\times\boxed{6}=12$
37. $5\times\boxed{7}=35$
38. $2\times\boxed{9}=18$
39. $5\times\boxed{4}=20$
40. $2\times\boxed{8}=16$
41. $5\times\boxed{9}=45$
42. $2\times\boxed{4}=8$
43. $5\times\boxed{8}=40$
44. $2\times\boxed{7}=14$
45. $2\times\boxed{1}=2$
46. $5\times\boxed{5}=25$
47. $2\times\boxed{6}=12$
48. $5\times\boxed{9}=45$
49. $2\times\boxed{3}=6$
50. $5\times\boxed{6}=30$
51. $2\times\boxed{9}=18$
52. $5\times\boxed{4}=20$

5일차

18~19쪽

1.

×	1
2	2

2.

×	4
2	8

3.

×	9
2	18

4.

×	5
2	10

5.

×	2
2	4

6.

×	2
5	10

7.

×	5
5	25

8.

×	7
5	35

9.

×	3
5	15

10.

×	1
5	5

11.

×	4
5	20

12.

×	7
2	14

13.

×	6
5	30

14.

×	3
2	6

15.

×	2
2	4

16.

×	2
5	10

17.

×	1
2	2

18.

×	5
5	25

19.

×	6
2	12

20.

×	7
5	35

21.

×	3
2	6

22.

×	3
5	15

23.

×	4
2	8

24.

×	6
5	30

25.

×	8
2	16

26.

×	9
5	45

27.

×	7
2	14

28.

×	1
5	5

29.

×	5
2	10

연산 2차시

3단, 6단 곱셈구구

1일차

22~23쪽

① 3×1=3
② 3×2=6
③ 3×3=9
④ 3×4=12
⑤ 3×5=15
⑥ 3×6=18
⑦ 3×7=21
⑧ 3×8=24
⑨ 3×9=27
⑩ 3×8=24
⑪ 3×7=21
⑫ 3×6=18
⑬ 3×5=15
⑭ 3×4=12
⑮ 3×3=9
⑯ 3×2=6
⑰ 3×1=3
⑱ 3×7=21
⑲ 3×6=18
⑳ 3×2=6
㉑ 3×8=24
㉒ 3×9=27
㉓ 3×5=15
㉔ 3×3=9
㉕ 3×4=12

㉖

×	1	2	3	4	5	6	7	8	9
3	3	6	9	12	15	18	21	24	27

+3 +3 +3 +3 +3 +3 +3 +3

㉗

×	9	8	7	6	5	4	3	2	1
3	27	24	21	18	15	12	9	6	3

+3 +3 +3 +3 +3 +3 +3 +3

㉘

×	2	4	6	8	1	3	5	7	9
3	6	12	18	24	3	9	15	21	27

㉙

×	1	3	9	8	7	4	2	6	5
3	3	9	27	24	21	12	6	18	15

2일차

24~25쪽

① 6×1=6
② 6×2=12
③ 6×3=18
④ 6×4=24
⑤ 6×5=30
⑥ 6×6=36
⑦ 6×7=42
⑧ 6×8=48
⑨ 6×9=54
⑩ 6×8=48
⑪ 6×7=42
⑫ 6×6=36
⑬ 6×5=30
⑭ 6×4=24
⑮ 6×3=18
⑯ 6×2=12
⑰ 6×1=6
⑱ 6×6=36
⑲ 6×4=24
⑳ 6×2=12
㉑ 6×9=54
㉒ 6×7=42
㉓ 6×5=30
㉔ 6×3=18
㉕ 6×8=48

㉖

×	1	2	3	4	5	6	7	8	9
6	6	12	18	24	30	36	42	48	54

+6 +6 +6 +6 +6 +6 +6 +6

㉗

×	9	8	7	6	5	4	3	2	1
6	54	48	42	36	30	24	18	12	6

+6 +6 +6 +6 +6 +6 +6 +6

㉘

×	2	4	6	8	1	3	5	7	9
6	12	24	36	48	6	18	30	42	54

㉙

×	3	7	1	5	9	4	6	2	8
6	18	42	6	30	54	24	36	12	48

3일차

26~27쪽

1. 3×1=3
2. 6×1=6
3. 3×2=6
4. 6×2=12
5. 3×3=9
6. 6×3=18
7. 3×4=12
8. 6×4=24
9. 3×5=15
10. 6×5=30
11. 3×6=18
12. 6×6=36
13. 3×7=21
14. 6×7=42
15. 3×8=24
16. 6×8=48
17. 3×9=27
18. 6×9=54
19. 3×4=12
20. 6×4=24
21. 3×7=21
22. 6×2=12
23. 3×5=15
24. 6×5=30
25. 6×7=42
26. 3×1=3
27. 3×3=9
28. 3×5=15
29. 3×7=21
30. 3×9=27
31. 6×1=6
32. 6×3=18
33. 6×5=30
34. 6×7=42
35. 6×9=54
36. 3×2=6
37. 3×4=12
38. 3×6=18
39. 3×8=24
40. 6×2=12
41. 6×4=24
42. 6×6=36
43. 6×8=48
44. 3×1=3
45. 6×5=30
46. 3×4=12
47. 6×3=18
48. 3×7=21
49. 6×6=36
50. 3×9=27
51. 6×9=54
52. 3×3=9

4일차

28~29쪽

1. 3×[1]=3
2. 3×[3]=9
3. 3×[5]=15
4. 3×[2]=6
5. 3×[6]=18
6. 3×[8]=24
7. 3×[9]=27
8. 6×[1]=6
9. 6×[2]=12
10. 6×[4]=24
11. 6×[3]=18
12. 6×[6]=36
13. 6×[5]=30
14. 6×[7]=42
15. 6×[9]=54
16. 6×[2]=12
17. 3×[2]=6
18. 6×[7]=42
19. 3×[7]=21
20. 6×[6]=36
21. 3×[4]=12
22. 6×[4]=24
23. 3×[8]=24
24. 6×[3]=18
25. 6×[9]=54
26. 3×[1]=3
27. 3×[4]=12
28. 6×[3]=18
29. 6×[6]=36
30. 3×[5]=15
31. 3×[8]=24
32. 6×[4]=24
33. 6×[7]=42
34. 3×[3]=9
35. 6×[9]=54
36. 3×[2]=6
37. 6×[1]=6
38. 3×[7]=21
39. 6×[5]=30
40. 3×[8]=24
41. 6×[2]=12
42. 3×[9]=27
43. 6×[8]=48
44. 3×[3]=9
45. 6×[7]=42
46. 3×[6]=18
47. 6×[9]=54
48. 3×[5]=15
49. 6×[4]=24
50. 3×[7]=21
51. 6×[5]=30
52. 6×[6]=36

5일차

30~31쪽

1.

×	1
3	3

2.

×	3
3	9

3.

×	7
3	21

4.

×	4
3	12

5.

×	5
3	15

6.

×	2
6	12

7.

×	1
6	6

8.

×	3
6	18

9.

×	5
6	30

10.

×	7
6	42

11.

×	4
6	24

12.

×	2
3	6

13.

×	6
6	36

14.

×	9
6	54

15.

×	4
3	12

16.

×	1
6	6

17.

×	2
3	6

18.

×	4
6	24

19.

×	5
3	15

20.

×	2
6	12

21.

×	1
3	3

22.

×	3
6	18

23.

×	8
6	48

24.

×	8
3	24

25.

×	9
6	54

26.

×	3
3	9

27.

×	6
6	36

28.

×	9
3	27

29.

×	7
6	42

연산 3차시

2, 3, 5, 6단 곱셈구구

1일차

34~35쪽

① 2×3=6
② 3×3=9
③ 5×3=15
④ 6×3=18
⑤ 2×4=8
⑥ 3×4=12
⑦ 5×4=20
⑧ 6×4=24
⑨ 2×5=10
⑩ 3×5=15
⑪ 5×5=25
⑫ 6×5=30
⑬ 2×6=12
⑭ 3×6=18
⑮ 5×6=30
⑯ 6×6=36
⑰ 2×7=14
⑱ 3×7=21
⑲ 5×7=35
⑳ 6×7=42
㉑ 2×8=16
㉒ 3×8=24
㉓ 5×8=40
㉔ 6×8=48
㉕ 2×9=18

㉖

×	1	6	3	4	7	2	5	8	9
2	2	12	6	8	14	4	10	16	18
5	5	30	15	20	35	10	25	40	45

㉗

×	4	3	1	8	5	6	7	2	9
2	8	6	2	16	10	12	14	4	18
6	24	18	6	48	30	36	42	12	54

㉘

×	2	1	4	3	6	5	9	8	7
3	6	3	12	9	18	15	27	24	21
5	10	5	20	15	30	25	45	40	35

㉙

×	6	1	5	3	9	4	2	8	7
5	30	5	25	15	45	20	10	40	35
6	36	6	30	18	54	24	12	48	42

2일차

36~37쪽

① 2×3=6
② 3×2=6
③ 2×5=10
④ 5×2=10
⑤ 2×6=12
⑥ 6×2=12
⑦ 3×5=15
⑧ 5×3=15
⑨ 3×6=18
⑩ 6×3=18
⑪ 5×6=30
⑫ 6×5=30
⑬ 2×7=14
⑭ 3×4=12
⑮ 5×8=40
⑯ 6×7=42
⑰ 2×4=8
⑱ 3×9=27
⑲ 5×9=45
⑳ 6×4=24
㉑ 2×8=16
㉒ 3×8=24
㉓ 5×7=35
㉔ 6×9=54
㉕ 2×9=18

㉖

×	9	8	7	6	5	4	3	2	1
3	27	24	21	18	15	12	9	6	3
2	18	16	14	12	10	8	6	4	2

㉗

×	2	5	3	6	1	7	4	8	9
5	10	25	15	30	5	35	20	40	45
2	4	10	6	12	2	14	8	16	18

㉘

×	3	2	1	5	4	9	7	6	8
6	18	12	6	30	24	54	42	36	48
3	9	6	3	15	12	27	21	18	24

㉙

×	9	8	7	6	5	4	3	2	1
6	54	48	42	36	30	24	18	12	6
5	45	40	35	30	25	20	15	10	5

3일차

38~39쪽

1. 2×3=6
2. 6×1=6
3. 3×6=18
4. 2×4=8
5. 5×2=10
6. 3×3=9
7. 6×3=18
8. 3×8=24
9. 6×7=42
10. 2×7=14
11. 5×4=20
12. 6×5=30
13. 2×5=10
14. 3×7=21
15. 5×7=35
16. 6×8=48
17. 3×2=6
18. 2×9=18
19. 5×8=40
20. 3×9=27
21. 6×9=54
22. 2×6=12
23. 5×6=30
24. 6×4=24
25. 2×8=16
26. 6×6=36

27.

×	1	2	3	4	5	6	7	8	9
2	2	4	6	8	10	12	14	16	18
3	3	6	9	12	15	18	21	24	27
6	6	12	18	24	30	36	42	48	54

28.

×	1	5	2	6	8	3	4	7	9
2	2	10	4	12	16	6	8	14	18
3	3	15	6	18	24	9	12	21	27
5	5	25	10	30	40	15	20	35	45

29.

×	3	5	9	2	4	8	1	7	6
3	9	15	27	6	12	24	3	21	18
5	15	25	45	10	20	40	5	35	30
6	18	30	54	12	24	48	6	42	36

4일차

40~41쪽

1. 2×[3]=6
2. 3×[3]=9
3. 6×[3]=18
4. 2×[6]=12
5. 6×[4]=24
6. 3×[4]=12
7. 5×[4]=20
8. 3×[2]=6
9. 5×[6]=30
10. 2×[8]=16
11. 6×[5]=30
12. 2×[5]=10
13. 6×[7]=42
14. 3×[6]=18
15. 5×[7]=35
16. 3×[5]=15
17. 2×[7]=14
18. 6×[8]=48
19. 5×[8]=40
20. 2×[4]=8
21. 3×[9]=27
22. 2×[9]=18
23. 5×[9]=45
24. 3×[8]=24
25. 6×[9]=54

26.

×	7	2	4	1	9	3	6	8	5
3	21	6	12	3	27	9	18	24	15
6	42	12	24	6	54	18	36	48	30
2	14	4	8	2	18	6	12	16	10
5	35	10	20	5	45	15	30	40	25

27.

×	7	2	4	1	9	3	6	8	5
3	21	6	12	3	27	9	18	24	15
6	42	12	24	6	54	18	36	48	30
2	14	4	8	2	18	6	12	16	10
5	35	10	20	5	45	15	30	40	25

28.

×	1	[2]	3	[7]	4	6	8	[5]	9
2	2	**4**	6	14	8	12	16	10	18
3	3	6	9	**21**	12	18	24	**15**	27
5	5	**10**	15	**35**	20	30	40	25	45
6	6	12	18	42	24	36	48	**30**	54

5일차

42~43쪽

1.

×	1
2	2
3	3

2.

×	2
2	4
5	10

3.

×	2
3	6
6	12

4.

×	3
2	6
6	18

5.

×	3
3	9
5	15

6.

×	5
2	10
3	15

7.

×	6
5	30
6	36

8.

×	7
6	42
5	35

9.

×	8
3	24
2	16

10.

×	9
5	45
2	18

11.

×	9
6	54
3	27

12.

×	2
2	4
3	6
5	10
6	12

13.

×	1
2	2
5	5
3	3
6	6

14.

×	6
3	18
2	12
5	30
6	36

15.

×	3
3	9
5	15
2	6
6	18

16.

×	7
5	35
3	21
6	42
2	14

17.

×	5
5	25
6	30
2	10
3	15

18.

×	4
5	20
2	8
6	24
3	12

19.

×	9
6	54
3	27
2	18
5	45

20.

×	8
6	48
5	40
2	16
3	24

연산 4차시

4단, 8단 곱셈구구

1일차

46~47쪽

① 4×1=4
② 4×2=8
③ 4×3=12
④ 4×4=16
⑤ 4×5=20
⑥ 4×6=24
⑦ 4×7=28
⑧ 4×8=32
⑨ 4×9=36
⑩ 4×8=32
⑪ 4×7=28
⑫ 4×6=24
⑬ 4×5=20
⑭ 4×4=16
⑮ 4×3=12
⑯ 4×2=8
⑰ 4×1=4
⑱ 4×3=12
⑲ 4×5=20
⑳ 4×8=32
㉑ 4×1=4
㉒ 4×6=24
㉓ 4×7=28
㉔ 4×9=36
㉕ 4×4=16

㉖

×	1	2	3	4	5	6	7	8	9
4	4	8	12	16	20	24	28	32	36

+4 +4 +4 +4 +4 +4 +4 +4

㉗

×	9	8	7	6	5	4	3	2	1
4	36	32	28	24	20	16	12	8	4

+4 +4 +4 +4 +4 +4 +4 +4

㉘

×	2	4	6	8	1	3	5	7	9
4	8	16	24	32	4	12	20	28	36

㉙

×	1	5	2	9	3	7	4	6	8
4	4	20	8	36	12	28	16	24	32

2일차

48~49쪽

① 8×1=8
② 8×2=16
③ 8×3=24
④ 8×4=32
⑤ 8×5=40
⑥ 8×6=48
⑦ 8×7=56
⑧ 8×8=64
⑨ 8×9=72
⑩ 8×8=64
⑪ 8×7=56
⑫ 8×6=48
⑬ 8×5=40
⑭ 8×4=32
⑮ 8×3=24
⑯ 8×2=16
⑰ 8×1=8
⑱ 8×4=32
⑲ 8×1=8
⑳ 8×7=56
㉑ 8×5=40
㉒ 8×8=64
㉓ 8×6=48
㉔ 8×3=24
㉕ 8×9=72

㉖

×	1	2	3	4	5	6	7	8	9
8	8	16	24	32	40	48	56	64	72

+8 +8 +8 +8 +8 +8 +8 +8

㉗

×	9	8	7	6	5	4	3	2	1
8	72	64	56	48	40	32	24	16	8

+8 +8 +8 +8 +8 +8 +8 +8

㉘

×	1	3	5	7	9	2	4	6	8
8	8	24	40	56	72	16	32	48	64

㉙

×	9	8	7	1	4	3	6	5	2
8	72	64	56	8	32	24	48	40	16

3일차

50~51쪽

1. $4\times1=4$
2. $8\times1=8$
3. $4\times2=8$
4. $8\times2=16$
5. $4\times3=12$
6. $8\times3=24$
7. $4\times4=16$
8. $8\times4=32$
9. $4\times5=20$
10. $8\times5=40$
11. $4\times6=24$
12. $8\times6=48$
13. $4\times7=28$
14. $8\times7=56$
15. $4\times8=32$
16. $8\times8=64$
17. $4\times9=36$
18. $8\times9=72$
19. $4\times3=12$
20. $8\times4=32$
21. $4\times5=20$
22. $8\times9=72$
23. $8\times8=64$
24. $4\times6=24$
25. $8\times6=48$
26. $4\times1=4$
27. $4\times3=12$
28. $4\times5=20$
29. $4\times7=28$
30. $4\times9=36$
31. $8\times1=8$
32. $8\times3=24$
33. $8\times5=40$
34. $8\times7=56$
35. $8\times9=72$
36. $4\times2=8$
37. $4\times4=16$
38. $4\times6=24$
39. $4\times8=32$
40. $4\times9=36$
41. $8\times2=16$
42. $8\times4=32$
43. $8\times6=48$
44. $8\times8=64$
45. $8\times9=72$
46. $4\times1=4$
47. $8\times2=16$
48. $4\times3=12$
49. $8\times4=32$
50. $4\times5=20$
51. $8\times6=48$
52. $4\times7=28$

4일차

52~53쪽

1. $4\times\boxed{3}=12$
2. $4\times\boxed{6}=24$
3. $4\times\boxed{8}=32$
4. $4\times\boxed{4}=16$
5. $4\times\boxed{5}=20$
6. $4\times\boxed{2}=8$
7. $4\times\boxed{7}=28$
8. $4\times\boxed{9}=36$
9. $8\times\boxed{1}=8$
10. $8\times\boxed{5}=40$
11. $8\times\boxed{2}=16$
12. $8\times\boxed{4}=32$
13. $8\times\boxed{7}=56$
14. $8\times\boxed{6}=48$
15. $8\times\boxed{3}=24$
16. $8\times\boxed{9}=72$
17. $8\times\boxed{8}=64$
18. $8\times\boxed{2}=16$
19. $4\times\boxed{2}=8$
20. $8\times\boxed{7}=56$
21. $4\times\boxed{4}=16$
22. $8\times\boxed{8}=64$
23. $4\times\boxed{1}=4$
24. $8\times\boxed{3}=24$
25. $4\times\boxed{7}=28$
26. $4\times\boxed{1}=4$
27. $8\times\boxed{8}=64$
28. $8\times\boxed{1}=8$
29. $4\times\boxed{2}=8$
30. $4\times\boxed{7}=28$
31. $8\times\boxed{5}=40$
32. $8\times\boxed{6}=48$
33. $4\times\boxed{4}=16$
34. $8\times\boxed{9}=72$
35. $8\times\boxed{2}=16$
36. $4\times\boxed{2}=8$
37. $8\times\boxed{4}=32$
38. $4\times\boxed{6}=24$
39. $8\times\boxed{7}=56$
40. $4\times\boxed{8}=32$
41. $8\times\boxed{3}=24$
42. $4\times\boxed{9}=36$
43. $8\times\boxed{8}=64$
44. $8\times\boxed{5}=40$
45. $4\times\boxed{7}=28$
46. $8\times\boxed{6}=48$
47. $4\times\boxed{3}=12$
48. $8\times\boxed{9}=72$
49. $4\times\boxed{9}=36$
50. $8\times\boxed{2}=16$
51. $4\times\boxed{6}=24$
52. $8\times\boxed{7}=56$

5일차

54~55쪽

1.

×	2
4	8

2.

×	5
4	20

3.

×	7
4	28

4.

×	4
4	16

5.

×	1
8	8

6.

×	3
8	24

7.

×	4
8	32

8.

×	6
8	48

9.

×	7
8	56

10.

×	3
4	12

11.

×	2
8	16

12.

×	1
4	4

13.

×	5
8	40

14.

×	9
4	36

15.

×	1
4	4

16.

×	1
8	8

17.

×	2
8	16

18.

×	3
4	12

19.

×	5
8	40

20.

×	5
4	20

21.

×	3
8	24

22.

×	6
8	48

23.

×	4
4	16

24.

×	4
8	32

25.

×	7
4	28

26.

×	7
8	56

27.

×	8
8	64

28.

×	9
4	36

29.

×	9
8	72

연산 5차시

7단, 9단 곱셈구구

1일차

58~59쪽

① 7×1=7
② 7×2=14
③ 7×3=21
④ 7×4=28
⑤ 7×5=35
⑥ 7×6=42
⑦ 7×7=49
⑧ 7×8=56
⑨ 7×9=63
⑩ 7×8=56
⑪ 7×7=49
⑫ 7×6=42
⑬ 7×5=35
⑭ 7×4=28
⑮ 7×3=21
⑯ 7×2=14
⑰ 7×1=7
⑱ 7×8=56
⑲ 7×5=35
⑳ 7×1=7
㉑ 7×2=14
㉒ 7×9=63
㉓ 7×6=42
㉔ 7×4=28
㉕ 7×7=49

㉖

×	1	2	3	4	5	6	7	8	9
7	7	14	21	28	35	42	49	56	63

+7 +7 +7 +7 +7 +7 +7 +7

㉗

×	9	8	7	6	5	4	3	2	1
7	63	56	49	42	35	28	21	14	7

+7 +7 +7 +7 +7 +7 +7 +7

㉘

×	2	4	6	8	1	3	5	7	9
7	14	28	42	56	7	21	35	49	63

㉙

×	1	7	9	2	5	4	3	6	8
7	7	49	63	14	35	28	21	42	56

2일차

60~61쪽

① 9×1=9
② 9×2=18
③ 9×3=27
④ 9×4=36
⑤ 9×5=45
⑥ 9×6=54
⑦ 9×7=63
⑧ 9×8=72
⑨ 9×9=81
⑩ 9×8=72
⑪ 9×7=63
⑫ 9×6=54
⑬ 9×5=45
⑭ 9×4=36
⑮ 9×3=27
⑯ 9×2=18
⑰ 9×1=9
⑱ 9×4=36
⑲ 9×2=18
⑳ 9×9=81
㉑ 9×1=9
㉒ 9×8=72
㉓ 9×6=54
㉔ 9×7=63
㉕ 9×5=45

㉖

×	1	2	3	4	5	6	7	8	9
9	9	18	27	36	45	54	63	72	81

+9 +9 +9 +9 +9 +9 +9 +9

㉗

×	9	8	7	6	5	4	3	2	1
9	81	72	63	54	45	36	27	18	9

+9 +9 +9 +9 +9 +9 +9 +9

㉘

×	2	4	6	8	1	3	5	7	9
9	18	36	54	72	9	27	45	63	81

㉙

×	3	6	7	5	1	4	8	2	9
9	27	54	63	45	9	36	72	18	81

3일차

62~63쪽

① $7\times1=7$
② $9\times1=9$
③ $7\times2=14$
④ $9\times2=18$
⑤ $7\times3=21$
⑥ $9\times3=27$
⑦ $7\times4=28$
⑧ $9\times4=36$
⑨ $7\times5=35$
⑩ $9\times5=45$
⑪ $7\times6=42$
⑫ $9\times6=54$
⑬ $7\times7=49$
⑭ $9\times7=63$
⑮ $7\times8=56$
⑯ $9\times8=72$
⑰ $7\times9=63$
⑱ $9\times9=81$
⑲ $7\times9=63$
⑳ $9\times4=36$
㉑ $7\times8=56$
㉒ $9\times2=18$
㉓ $7\times4=28$
㉔ $9\times5=45$
㉕ $9\times7=63$
㉖ $7\times1=7$
㉗ $7\times3=21$
㉘ $7\times5=35$
㉙ $7\times7=49$
㉚ $7\times9=63$
㉛ $9\times1=9$
㉜ $9\times3=27$
㉝ $9\times5=45$
㉞ $9\times7=63$
㉟ $9\times9=81$
㊱ $7\times2=14$
㊲ $7\times4=28$
㊳ $7\times6=42$
㊴ $7\times8=56$
㊵ $9\times2=18$
㊶ $9\times4=36$
㊷ $9\times6=54$
㊸ $9\times8=72$
㊹ $7\times2=14$
㊺ $9\times1=9$
㊻ $7\times7=49$
㊼ $9\times3=27$
㊽ $7\times5=35$
㊾ $9\times6=54$
㊿ $7\times4=28$
51 $9\times8=72$
52 $7\times8=56$

4일차

64~65쪽

① $7\times\boxed{5}=35$
② $7\times\boxed{2}=14$
③ $7\times\boxed{6}=42$
④ $7\times\boxed{3}=21$
⑤ $7\times\boxed{7}=49$
⑥ $7\times\boxed{4}=28$
⑦ $7\times\boxed{8}=56$
⑧ $7\times\boxed{9}=63$
⑨ $9\times\boxed{1}=9$
⑩ $9\times\boxed{2}=18$
⑪ $9\times\boxed{4}=36$
⑫ $9\times\boxed{6}=54$
⑬ $9\times\boxed{8}=72$
⑭ $9\times\boxed{3}=27$
⑮ $9\times\boxed{5}=45$
⑯ $9\times\boxed{7}=63$
⑰ $9\times\boxed{9}=81$
⑱ $9\times\boxed{2}=18$
⑲ $7\times\boxed{1}=7$
⑳ $9\times\boxed{5}=45$
㉑ $7\times\boxed{7}=49$
㉒ $9\times\boxed{7}=63$
㉓ $7\times\boxed{9}=63$
㉔ $9\times\boxed{9}=81$
㉕ $7\times\boxed{6}=42$
㉖ $7\times\boxed{1}=7$
㉗ $7\times\boxed{2}=14$
㉘ $9\times\boxed{2}=18$
㉙ $7\times\boxed{6}=42$
㉚ $7\times\boxed{3}=21$
㉛ $9\times\boxed{8}=72$
㉜ $9\times\boxed{3}=27$
㉝ $7\times\boxed{5}=35$
㉞ $9\times\boxed{9}=81$
㉟ $7\times\boxed{7}=49$
㊱ $9\times\boxed{1}=9$
㊲ $7\times\boxed{9}=63$
㊳ $7\times\boxed{5}=35$
㊴ $9\times\boxed{8}=72$
㊵ $7\times\boxed{4}=28$
㊶ $9\times\boxed{5}=45$
㊷ $7\times\boxed{8}=56$
㊸ $9\times\boxed{7}=63$
㊹ $7\times\boxed{1}=7$
㊺ $9\times\boxed{2}=18$
㊻ $7\times\boxed{8}=56$
㊼ $7\times\boxed{3}=21$
㊽ $9\times\boxed{5}=45$
㊾ $7\times\boxed{6}=42$
㊿ $9\times\boxed{9}=81$
51 $7\times\boxed{7}=49$
52 $9\times\boxed{6}=54$

5일차

66~67쪽

①
×	1
7	7

②
×	4
7	28

③
×	5
7	35

④
×	3
7	21

⑤
×	1
9	9

⑥
×	2
9	18

⑦
×	5
9	45

⑧
×	3
9	27

⑨
×	6
9	54

⑩
×	2
7	14

⑪
×	4
9	36

⑫
×	7
7	49

⑬
×	9
7	63

⑭
×	8
9	72

⑮
×	1
7	7

⑯
×	2
9	18

⑰
×	2
7	14

⑱
×	4
9	36

⑲
×	4
7	28

⑳
×	6
9	54

㉑
×	3
7	21

㉒
×	1
9	9

㉓
×	5
7	35

㉔
×	5
9	45

㉕
×	3
9	27

㉖
×	8
7	56

㉗
×	8
9	72

㉘
×	9
7	63

㉙
×	9
9	81

연산 6차시

4, 7, 8, 9단 곱셈구구

1일차

70~71쪽

① 4×3=12
② 7×3=21
③ 8×3=24
④ 9×3=27
⑤ 4×4=16
⑥ 7×4=28
⑦ 8×4=32
⑧ 9×4=36
⑨ 4×5=20
⑩ 7×5=35
⑪ 8×5=40
⑫ 9×5=45
⑬ 4×6=24
⑭ 7×6=42
⑮ 8×6=48
⑯ 9×6=54
⑰ 4×7=28
⑱ 7×7=49
⑲ 8×7=56
⑳ 9×7=63
㉑ 4×8=32
㉒ 7×8=56
㉓ 8×8=64
㉔ 9×8=72
㉕ 4×9=36

㉖

×	1	2	4	6	7	8	3	5	9
4	4	8	16	24	28	32	12	20	36
7	7	14	28	42	49	56	21	35	63

㉗

×	4	7	9	1	5	6	2	3	8
8	32	56	72	8	40	48	16	24	64
9	36	63	81	9	45	54	18	27	72

㉘

×	2	9	6	5	4	3	1	8	7
4	8	36	24	20	16	12	4	32	28
8	16	72	48	40	32	24	8	64	56

㉙

×	1	5	4	2	6	8	3	7	9
7	7	35	28	14	42	56	21	49	63
9	9	45	36	18	54	72	27	63	81

2일차

72~73쪽

① 4×7=28
② 7×4=28
③ 4×8=32
④ 8×4=32
⑤ 4×9=36
⑥ 9×4=36
⑦ 7×8=56
⑧ 8×7=56
⑨ 7×9=63
⑩ 9×7=63
⑪ 8×9=72
⑫ 9×8=72
⑬ 4×3=12
⑭ 7×5=35
⑮ 8×6=48
⑯ 9×2=18
⑰ 4×5=20
⑱ 7×3=21
⑲ 8×3=24
⑳ 9×5=45
㉑ 4×2=8
㉒ 7×6=42
㉓ 8×8=64
㉔ 9×6=54
㉕ 4×6=24

㉖

×	9	8	7	6	5	4	3	2	1
4	36	32	28	24	20	16	12	8	4
8	72	64	56	48	40	32	24	16	8

㉗

×	9	8	7	6	5	4	3	2	1
7	63	56	49	42	35	28	21	14	7
9	81	72	63	54	45	36	27	18	9

㉘

×	3	4	1	5	2	6	7	9	8
7	21	28	7	35	14	42	49	63	56
4	12	16	4	20	8	24	28	36	32

㉙

×	1	6	2	4	3	8	9	5	7
9	9	54	18	36	27	72	81	45	63
8	8	48	16	32	24	64	72	40	56

3일차

74~75쪽

❶ 4×1=4
❷ 9×2=18
❸ 8×5=40
❹ 7×6=42
❺ 4×4=16
❻ 8×2=16
❼ 9×3=27
❽ 4×5=20
❾ 8×8=64
❿ 7×2=14
⓫ 8×7=56
⓬ 4×9=36
⓭ 9×8=72
⓮ 7×8=56
⓯ 7×4=28
⓰ 4×2=8
⓱ 9×6=54
⓲ 8×6=48
⓳ 9×7=63
⓴ 8×3=24
㉑ 9×4=36
㉒ 7×9=63
㉓ 7×5=35
㉔ 4×7=28
㉕ 9×9=81
㉖ 8×9=72

㉗

×	1	5	2	6	9	7	4	8	3
4	4	20	8	24	36	28	16	32	12
7	7	35	14	42	63	49	28	56	21
9	9	45	18	54	81	63	36	72	27

㉘

×	7	8	9	4	1	6	5	2	3
4	28	32	36	16	4	24	20	8	12
8	56	64	72	32	8	48	40	16	24
7	49	56	63	28	7	42	35	14	21

㉙

×	3	1	6	2	5	8	4	7	9
8	24	8	48	16	40	64	32	56	72
4	12	4	24	8	20	32	16	28	36
9	27	9	54	18	45	72	36	63	81

4일차

76~77쪽

❶ $4\times\boxed{2}=8$
❷ $8\times\boxed{4}=32$
❸ $9\times\boxed{4}=36$
❹ $4\times\boxed{5}=20$
❺ $7\times\boxed{5}=35$
❻ $8\times\boxed{2}=16$
❼ $9\times\boxed{2}=18$
❽ $4\times\boxed{4}=16$
❾ $7\times\boxed{4}=28$
❿ $9\times\boxed{5}=45$
⓫ $4\times\boxed{3}=12$
⓬ $7\times\boxed{8}=56$
⓭ $4\times\boxed{8}=32$
⓮ $9\times\boxed{6}=54$
⓯ $8\times\boxed{6}=48$
⓰ $7\times\boxed{6}=42$
⓱ $8\times\boxed{7}=56$
⓲ $9\times\boxed{9}=81$
⓳ $4\times\boxed{6}=24$
⓴ $8\times\boxed{9}=72$
㉑ $9\times\boxed{7}=63$
㉒ $4\times\boxed{9}=36$
㉓ $7\times\boxed{9}=63$
㉔ $8\times\boxed{8}=64$
㉕ $9\times\boxed{8}=72$

㉖

×	1	3	2	5	6	7	4	8	9
4	4	12	8	20	24	28	16	32	36
7	7	21	14	35	42	49	28	56	63
8	8	24	16	40	48	56	32	64	72
9	9	27	18	45	54	63	36	72	81

㉗

×	3	$\boxed{2}$	5	4	9	1	7	6	8
4	12	8	20	16	36	4	28	24	32
8	24	16	40	32	72	8	56	48	64
7	21	14	35	28	63	7	49	42	56
9	27	18	45	36	81	9	63	54	72

㉘

×	1	$\boxed{4}$	3	$\boxed{6}$	2	$\boxed{8}$	7	5	9
4	4	16	12	24	8	32	28	20	36
8	8	32	24	48	16	64	56	40	72
7	7	28	21	42	14	56	49	35	63
9	9	36	27	54	18	72	63	45	81

5일차

78~79쪽

❶

×	2
4	8
7	14

❷

×	3
4	12
8	24

❸

×	4
7	28
8	32

❹

×	5
4	20
7	35

❺

×	2
8	16
9	18

❻

×	5
8	40
9	45

❼

×	6
7	42
9	54

❽

×	8
7	56
4	32

❾

×	7
8	56
7	49

❿

×	7
9	63
4	28

⓫

×	8
9	72
8	64

⓬

×	1
4	4
7	7
8	8
9	9

⓭

×	4
4	16
8	32
7	28
9	36

⓮

×	2
7	14
4	8
8	16
9	18

⓯

×	5
7	35
8	40
9	45
4	20

⓰

×	3
7	21
9	27
4	12
8	24

⓱

×	7
8	56
4	28
7	49
9	63

⓲

×	6
8	48
9	54
4	24
7	42

⓳

×	8
9	72
4	32
7	56
8	64

⓴

×	9
9	81
8	72
7	63
4	36

연산 7차시

1단, 0의 곱, 곱셈표

1일차

82~83쪽

❶ $1\times1=1$

❷ $1\times2=2$

❸ $1\times4=4$

❹ $1\times5=5$

❺ $1\times6=6$

❻ $1\times7=7$

❼ $1\times8=8$

❽ $1\times9=9$

❾ $0\times1=0$

❿ $0\times2=0$

⓫ $0\times3=0$

⓬ $0\times4=0$

⓭ $0\times5=0$

⓮ $0\times6=0$

⓯ $0\times7=0$

⓰ $0\times8=0$

⓱ $0\times9=0$

⓲ $2\times0=0$

⓳ $3\times0=0$

⓴ $4\times0=0$

㉑ $5\times0=0$

㉒ $6\times0=0$

㉓ $7\times0=0$

㉔ $8\times0=0$

㉕ $9\times0=0$

㉖

×	1	2	3	4	5	6	7	8	9
1	1	2	3	4	5	6	7	8	9

+1 +1 +1 +1 +1 +1 +1 +1

㉗

×	9	8	7	6	5	4	3	2	1
1	9	8	7	6	5	4	3	2	1

+1 +1 +1 +1 +1 +1 +1 +1

㉘

×	1	2	3	4	5	6	7	8	9
0	0	0	0	0	0	0	0	0	0

㉙

×	6	1	2	3	9	7	4	8	5
0	0	0	0	0	0	0	0	0	0

2일차

84~85쪽

❶

×	1	2
0	0	0
1	1	2
2	2	4

❷

×	2	3
3	6	9
4	8	12
5	10	15

❸

×	2	3
6	12	18
7	14	21
8	16	24

❹

×	4	5
1	4	5
2	8	10
3	12	15

❺

×	4	5
4	16	20
5	20	25
6	24	30

❻

×	7	8
2	14	16
3	21	24
4	28	32

❼

×	7	8
5	35	40
6	42	48
7	49	56

❽

×	8	9
7	56	63
8	64	72
9	72	81

❾

×	2	3
1	2	3
4	8	12
6	12	18

❿

×	4	5
3	12	15
7	28	35
9	36	45

⓫

×	6	7
0	0	0
6	36	42
8	48	56

⓬

×	8	9
2	16	18
6	48	54
9	72	81

⓭

×	2	7
4	8	28
5	10	35
7	14	49

⓮

×	3	6
2	6	12
3	9	18
4	12	24

⓯

×	4	8
3	12	24
5	20	40
9	36	72

⓰

×	8	6
1	8	6
5	40	30
9	72	54

⓱

×	9	5
2	18	10
4	36	20
7	63	35

3일차

86~87쪽

①

×	0	1	2	3	4	5	6	7	8	9
1	0	1	2	3	4	5	6	7	8	9
4	0	4	8	12	16	20	24	28	32	36
8	0	8	16	24	32	40	48	56	64	72

②

×	0	1	2	3	4	5	6	7	8	9
3	0	3	6	9	12	15	18	21	24	27
6	0	6	12	18	24	30	36	42	48	54
9	0	9	18	27	36	45	54	63	72	81

③

×	0	1	2	3	4	5	6	7	8	9
0	0	0	0	0	0	0	0	0	0	0
5	0	5	10	15	20	25	30	35	40	45
7	0	7	14	21	28	35	42	49	56	63

④

×	2	3	5
9	18	27	45
8	16	24	40
7	14	21	35
6	12	18	30
5	10	15	25
4	8	12	20
3	6	9	15
2	4	6	10
1	2	3	5
0	0	0	0

⑤

×	6	4	8
9	54	36	72
8	48	32	64
7	42	28	56
6	36	24	48
5	30	20	40
4	24	16	32
3	18	12	24
2	12	8	16
1	6	4	8
0	0	0	0

⑥

×	1	7	9
9	9	63	81
8	8	56	72
7	7	49	63
6	6	42	54
5	5	35	45
4	4	28	36
3	3	21	27
2	2	14	18
1	1	7	9
0	0	0	0

4일차

88~89쪽

①

×	0	1	2	3	4	5	6	7	8	9
0	0	0	0	0	0	0	0	0	0	0
1	0	1	2	3	4	5	6	7	8	9
2	0	2	4	6	8	10	12	14	16	18
3	0	3	6	9	12	15	18	21	24	27
4	0	4	8	12	16	20	24	28	32	36
5	0	5	10	15	20	25	30	35	40	45
6	0	6	12	18	24	30	36	42	48	54
7	0	7	14	21	28	35	42	49	56	63
8	0	8	16	24	32	40	48	56	64	72
9	0	9	18	27	36	45	54	63	72	81

②

×	9	8	7	6	5	4	3	2	1	0
0	0	0	0	0	0	0	0	0	0	0
1	9	8	7	6	5	4	3	2	1	0
2	18	16	14	12	10	8	6	4	2	0
3	27	24	21	18	15	12	9	6	3	0
4	36	32	28	24	20	16	12	8	4	0
5	45	40	35	30	25	20	15	10	5	0
6	54	48	42	36	30	24	18	12	6	0
7	63	56	49	42	35	28	21	14	7	0
8	72	64	56	48	40	32	24	16	8	0
9	81	72	63	54	45	36	27	18	9	0

5일차

90~91쪽

①

×	1	2	3	4	5
1	1	2	3	4	5
2	2	4	6	8	10
3	3	6	9	12	15
4	4	8	12	16	20
5	5	10	15	20	25

②

×	1	2	4	6	8
0	0	0	0	0	0
3	3	6	12	18	24
5	5	10	20	30	40
7	7	14	28	42	56
9	9	18	36	54	72

③

×	6	7	8	9	0
6	36	42	48	54	0
7	42	49	56	63	0
8	48	56	64	72	0
9	54	63	72	81	0
0	0	0	0	0	0

④

×	3	7	0	2	9
4	12	28	0	8	36
1	3	7	0	2	9
8	24	56	0	16	72
5	15	35	0	10	45
9	27	63	0	18	81

⑤

×	3	1	6	4	7	2	9	8	0	5
0	0	0	0	0	0	0	0	0	0	0
2	6	2	12	8	14	4	18	16	0	10
8	24	8	48	32	56	16	72	64	0	40
3	9	3	18	12	21	6	27	24	0	15
1	3	1	6	4	7	2	9	8	0	5
5	15	5	30	20	35	10	45	40	0	25
9	27	9	54	36	63	18	81	72	0	45
7	21	7	42	28	49	14	63	56	0	35
4	12	4	24	16	28	8	36	32	0	20
6	18	6	36	24	42	12	54	48	0	30

연산 8차시

곱셈구구의 완성

1일차

94~95쪽

1. 1×9=9
2. 2×8=16
3. 3×7=21
4. 4×6=24
5. 5×5=25
6. 6×4=24
7. 7×3=21
8. 8×2=16
9. 9×4=36
10. 1×6=6
11. 2×9=18
12. 3×8=24
13. 4×2=8
14. 5×3=15
15. 6×8=48
16. 7×5=35
17. 8×9=72
18. 9×7=63
19. 2×6=12
20. 5×8=40
21. 7×9=63
22. 3×6=18
23. 9×5=45
24. 4×7=28
25. 0×3=0
26. 9×0=0
27. 8×1=8
28. 7×8=56
29. 6×2=12
30. 5×4=20
31. 4×5=20
32. 3×6=18
33. 2×7=14
34. 1×8=8
35. 0×9=0
36. 9×9=81
37. 8×8=64
38. 3×8=24
39. 6×7=42
40. 5×9=45
41. 4×3=12
42. 7×6=42
43. 2×0=0
44. 1×5=5
45. 6×6=36
46. 7×7=49
47. 5×7=35
48. 8×5=40
49. 4×9=36
50. 0×1=0
51. 3×9=27
52. 2×5=10

2일차

96~97쪽

1. 0×1=0
2. 1×0=0
3. 1×2=2
4. 2×1=2
5. 1×3=3
6. 3×1=3
7. 1×4=4
8. 4×1=4
9. 1×5=5
10. 5×1=5
11. 1×6=6
12. 6×1=6
13. 1×7=7
14. 7×1=7
15. 1×8=8
16. 8×1=8
17. 1×9=9
18. 9×1=9
19. 2×3=6
20. 3×2=6
21. 2×5=10
22. 5×2=10
23. $\boxed{0}\times 1=0$
24. $1\times\boxed{0}=0$
25. $\boxed{1}\times 4=4$
26. $4\times\boxed{1}=4$
27. $\boxed{9}\times 1=9$
28. $1\times\boxed{9}=9$
29. $\boxed{1}\times 5=5$
30. $5\times\boxed{1}=5$
31. $\boxed{1}\times 2=2$
32. $2\times\boxed{1}=2$
33. $\boxed{0}\times 3=0$
34. $3\times\boxed{0}=0$
35. $\boxed{6}\times 1=6$
36. $1\times\boxed{6}=6$
37. $\boxed{2}\times 3=6$
38. $3\times\boxed{2}=6$
39. $\boxed{5}\times 2=10$
40. $2\times\boxed{5}=10$
41. $\boxed{2}\times 4=8$
42. $4\times\boxed{2}=8$
43. $\boxed{8}\times 1=8$
44. $1\times\boxed{8}=8$
45. $\boxed{2}\times 6=12$
46. $6\times\boxed{2}=12$

3일차

98~99쪽

1. $2\times7=14$
2. $7\times2=14$
3. $2\times8=16$
4. $8\times2=16$
5. $2\times9=18$
6. $9\times2=18$
7. $3\times4=12$
8. $4\times3=12$
9. $3\times5=15$
10. $5\times3=15$
11. $0\times6=0$
12. $6\times0=0$
13. $3\times6=18$
14. $6\times3=18$
15. $3\times7=21$
16. $7\times3=21$
17. $3\times8=24$
18. $8\times3=24$
19. $4\times5=20$
20. $5\times4=20$
21. $4\times7=28$
22. $7\times4=28$
23. $\boxed{0}\times6=0$
24. $6\times\boxed{0}=0$
25. $\boxed{8}\times2=16$
26. $2\times\boxed{8}=16$
27. $\boxed{3}\times5=15$
28. $5\times\boxed{3}=15$
29. $\boxed{4}\times3=12$
30. $3\times\boxed{4}=12$
31. $\boxed{5}\times4=20$
32. $4\times\boxed{5}=20$
33. $\boxed{9}\times2=18$
34. $2\times\boxed{9}=18$
35. $\boxed{3}\times6=18$
36. $6\times\boxed{3}=18$
37. $\boxed{7}\times3=21$
38. $3\times\boxed{7}=21$
39. $\boxed{4}\times6=24$
40. $6\times\boxed{4}=24$
41. $\boxed{3}\times8=24$
42. $8\times\boxed{3}=24$
43. $\boxed{0}\times8=0$
44. $8\times\boxed{0}=0$
45. $\boxed{7}\times4=28$
46. $4\times\boxed{7}=28$

4일차

100~101쪽

1. $4\times8=32$
2. $8\times4=32$
3. $4\times9=36$
4. $9\times4=36$
5. $5\times7=35$
6. $7\times5=35$
7. $5\times8=40$
8. $8\times5=40$
9. $5\times9=45$
10. $9\times5=45$
11. $6\times7=42$
12. $7\times6=42$
13. $6\times8=48$
14. $8\times6=48$
15. $6\times9=54$
16. $9\times6=54$
17. $7\times8=56$
18. $8\times7=56$
19. $8\times9=72$
20. $9\times8=72$
21. $0\times9=0$
22. $9\times0=0$
23. $\boxed{4}\times8=32$
24. $8\times\boxed{4}=32$
25. $\boxed{5}\times8=40$
26. $8\times\boxed{5}=40$
27. $\boxed{9}\times4=36$
28. $4\times\boxed{9}=36$
29. $\boxed{9}\times5=45$
30. $5\times\boxed{9}=45$
31. $\boxed{5}\times7=35$
32. $7\times\boxed{5}=35$
33. $\boxed{0}\times5=0$
34. $5\times\boxed{0}=0$
35. $\boxed{8}\times6=48$
36. $6\times\boxed{8}=48$
37. $\boxed{9}\times6=54$
38. $6\times\boxed{9}=54$
39. $\boxed{8}\times7=56$
40. $7\times\boxed{8}=56$
41. $\boxed{7}\times9=63$
42. $9\times\boxed{7}=63$
43. $\boxed{8}\times9=72$
44. $9\times\boxed{8}=72$
45. $\boxed{8}\times8=64$
46. $9\times\boxed{9}=81$

5일차

102~103쪽

1.

×	2
2	4

2.

×	3
3	9

3.

×	4
4	16

4.

×	5
5	25

5.

×	6
6	36

6.

×	7
7	49

7.

×	8
8	64

8.

×	9
9	81

9.

×	7
3	21

10.

×	6
1	6

11.

×	$\boxed{0}$
7	0

12.

×	$\boxed{6}$
2	12

13.

×	$\boxed{3}$
5	15

14.

×	$\boxed{5}$
4	20

15.

×	7
2	14

16.

×	6
3	18

17.

×	7
4	28

18.

×	9
5	45

19.

×	5
6	30

20.

×	8
7	56

21.

×	4
0	0

22.

×	2
8	16

23.

×	8
9	72

24.

×	7
9	63

25.

×	$\boxed{4}$
4	16

26.

×	$\boxed{6}$
6	36

27.

×	$\boxed{3}$
3	9

28.

×	$\boxed{7}$
7	49

29.

×	$\boxed{5}$
5	25

EBS